主婦の友社

もくじ

第3章 楽しい！ 動かす工作

第4章 スゴイ！ 飛ばす工作

はじめに

この本を手にとってくれたみなさんに

　東工大サイエンステクノが案内するもの作りの世界にようこそ。
　サイテクのあみ出した工夫がいっぱいに詰まった「見る！」「使う！」「動かす！」「飛ばす！」ことのできる工作がみなさんを待っています。身近にある紙やひもを使って、世界がさかさまに見える不思議なめがねや、ぐんぐん飛ぶ飛行機、きれいな万華鏡がかんたんに作れます。さらにモーターを使うと、机の上をすいすい動くホバークラフトまで作れます。
　できあがったもので遊ぶと楽しいですし、「どうして翼をこの形に切るんだろう？」などと考えると勉強にもなりますね。
　発明王と呼ばれるアメリカのトーマス・エジソンや、日本の三島徳七も、子どものころは身近なものを使って工作を楽しみながら発明する力を自然につちかってきました。
　さあ、たくさん作ってみましょう。

PROFILE
大竹 尚登（おおたけ なおと）
東京工業大学 教授
大学院理工学研究科 機械物理工学専攻
東工大 ScienceTechno 顧問

著者紹介

東京工業大学公認サークル
東工大ScienceTechno〔サイテク〕

東京工業大学（東工大）は、機械、情報、宇宙、建物、化学、環境、生き物など、いろいろな科学が学べる国立大学です。その東工大に通っている大学生のお兄さん、お姉さんたちが150人くらい集まって、子どもに科学の実験や工作を教える教室を開いているのが、**東工大ScienceTechno〔サイテク〕**です。サイテクのみなさんは、小学校や科学館などで、年間100回くらい教室を開いています。

サイテクのみなさんは、光や電気、磁石、いろいろな薬品などを使って、たくさんの実験や工作を行ってきました。それを教室で子どもと一緒にやって、科学の不思議さやおもしろさを教えてくれています。サイテクの実験や工作はただ楽しいだけではなく、科学についてもいろいろ学ぶことができるように工夫されているのです。

この本では、おうちでできるサイテクの工作をいろいろ紹介しています。この本の工作をやってみて「おもしろい!」と思ったら、サイテクのイベントにも参加してみましょう!

イベントのことが知りたい人は、**80ページ**に書いてあるサイテクのウェブサイトを見てみてくださいね。

東工大の学園祭（工大祭）でも、サイテクは科学を教えるイベントをやっています。
写真右はサイテクのみなさん。

本書の見方

サイテくん
(東工大 Science
Techno
公認キャラクター)

完成までにかかる時間
時間はだいたいの目安になります

工作の難しさ
★はとてもかんたん、
★★はかんたん、
★★★は少し難しい
工作です

工作にかかる費用
工作1つ分にかかる材料費の目安です
道具代は含まれません。販売単位によって購入金額は異なります

工作の名前

各工作で使用する材料
ほとんどの工作で使用する道具や、用意しておくと便利な道具は8ページに、材料の購入先は75ページにあります

工作時間	難しさ	予算	学べる内容
10分	★★★	100円	表面張力

第3章 動かす

Workshop 9
表面張力で動く!
エタノールボート

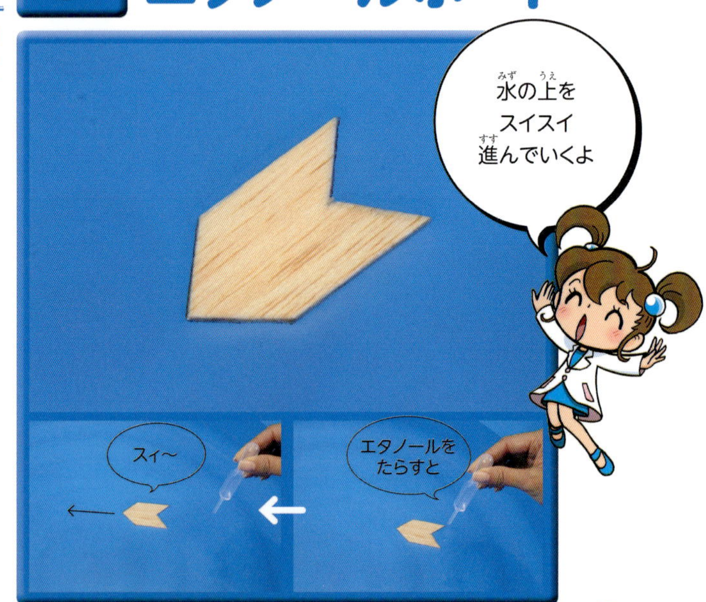

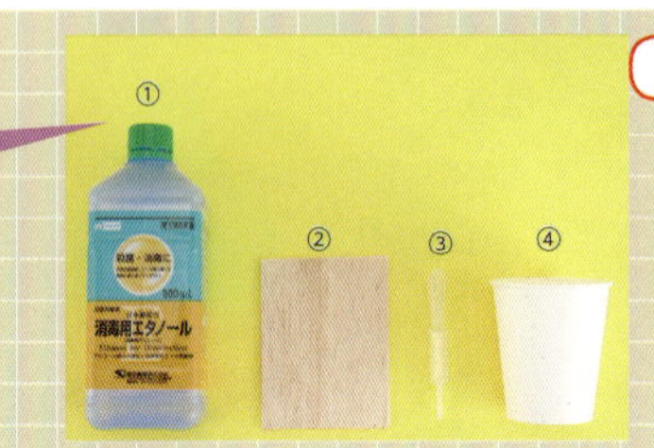

用意するもの
①エタノール
②バルサ材〔厚さ2㎜で10㎝角くらい〕
③スポイト〔1つ〕
④紙コップなどの容器
〔1つ。エタノールを入れるのに使う〕

44

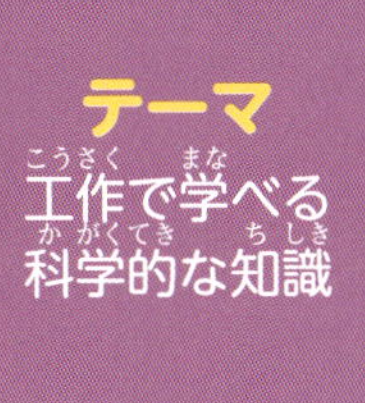

テーマ
工作で学べる
科学的な知識

作り方
写真や解説を
使用して説明
しています

リカちゃん

① バルサ材にペンで線を引く。
② 線に沿ってハサミで切る。
③ 切った部分に線を引く。

④ 線に沿ってハサミで切る。
⑤ 切ったらできあがり。

コウサクくん

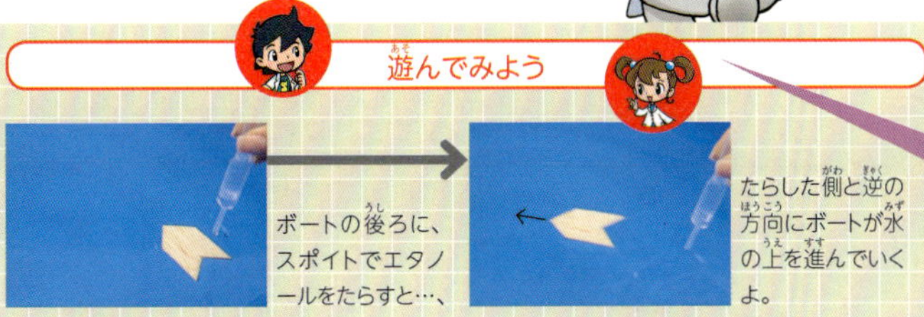

ボートの後ろに、スポイトでエタノールをたらすと…、

たらした側と逆の方向にボートが水の上を進んでいくよ。

遊び方
できあがったあと
遊び方を説明
しています

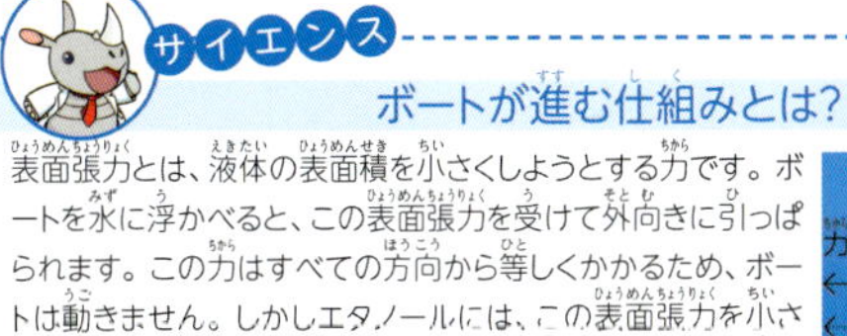

ボートが進む仕組みとは？

表面張力とは、液体の表面積を小さくしようとする力です。ボートを水に浮かべると、この表面張力を受けて外向きに引っぱられます。この力はすべての方向から等しくかかるため、ボートは動きません。しかしエタノールには、この表面張力を小さくする働きがあります。そのため、エタノールをたらした場所だけ引っぱる力が弱まり、逆の方向にボートが進むのです。

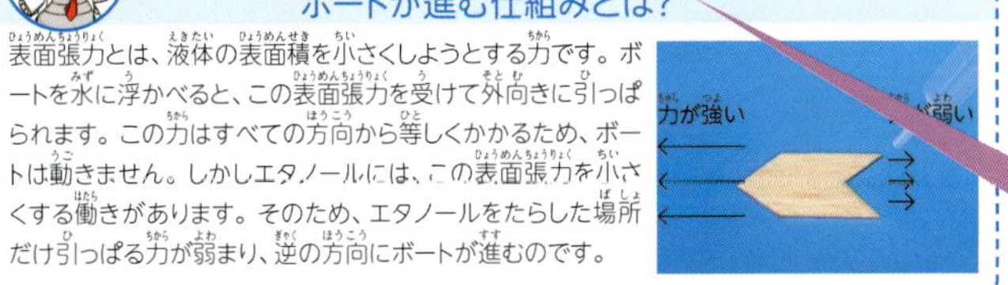

45

工作で学べる
科学的なコラム
この工作と同じ仕組みの
科学現象を解説
しています

最初に用意する道具

ほとんどすべての工作で使用するものです。スーパーや 100 円ショップ、文房具店などで買えますので、最初に用意しましょう。

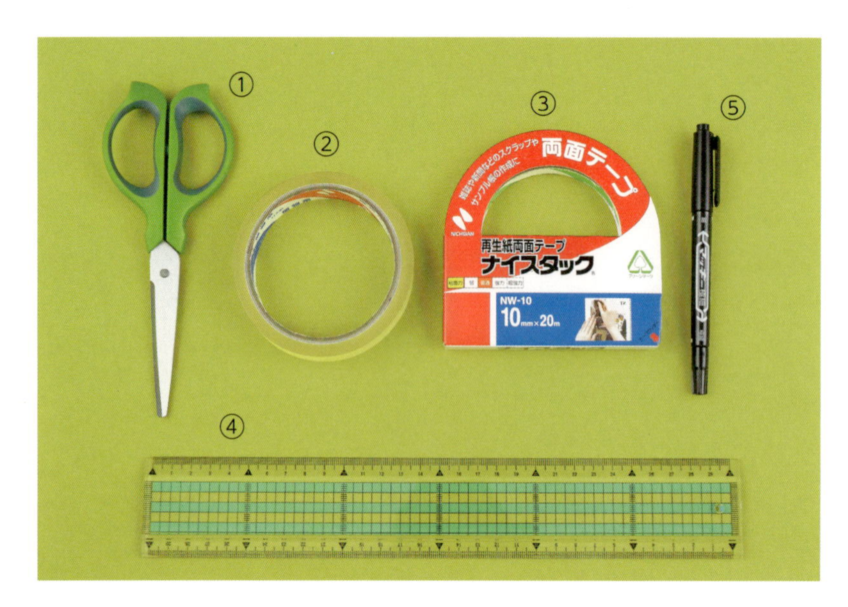

①ハサミ
②セロハンテープ
③両面テープ
④定規
⑤油性または水性のペン

用意しておくと便利な道具

使わない工作もありますが、使う機会が多いものです。用意しておきましょう。

①ビニールテープ
②接着剤
③カッター
④カッターマット

きれい! 見る工作

中をのぞくと、きれいなもようや
不思議な景色が見える工作を集めました。
比較的かんたんに作れるものが多いので、
さっそくチャレンジしてみましょう!

工作時間	難しさ	予算	学べる内容
20分	★★★	100円	光の色

虹が作れる!

分光器

のぞき穴から中を見るときれいな虹が見えるんだ! 「光」がどんな色でできているかわかるよ!

用意するもの

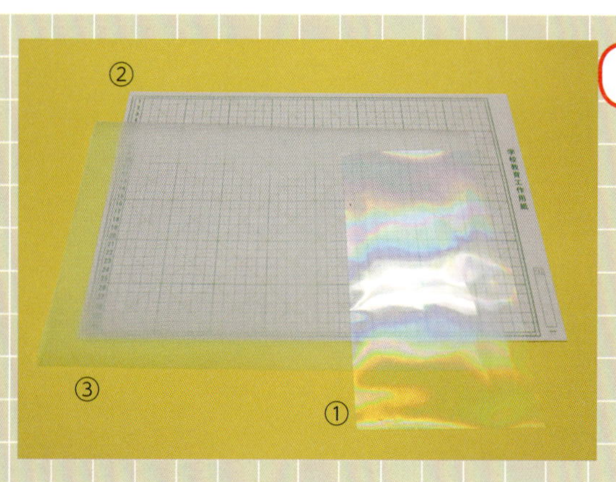

①分光シート〔1枚〕
②工作用紙(ケント紙でもよい)〔1枚〕
③トレーシングペーパー

作ってみよう

1

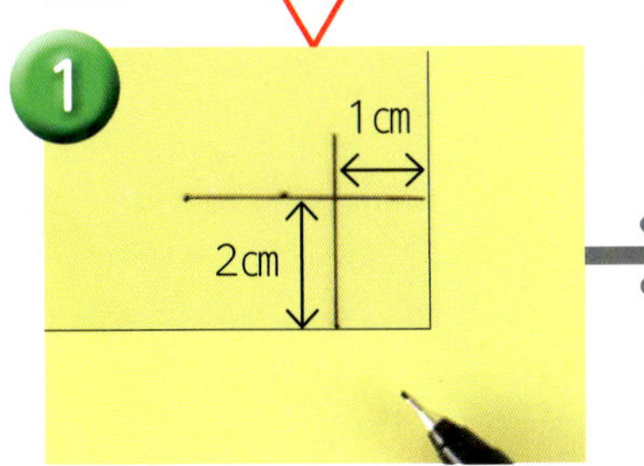

分光シートの角に1×2cmの線を引く。

2

分光シートを線に沿って、ハサミで切る。

3

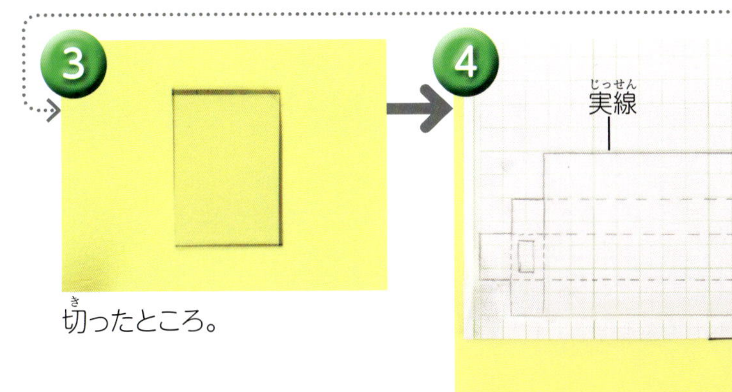

切ったところ。

4

76ページの型紙をトレーシングペーパーに写し、工作用紙の上にのせて、ずれないようところどころセロハンテープをはる。

5

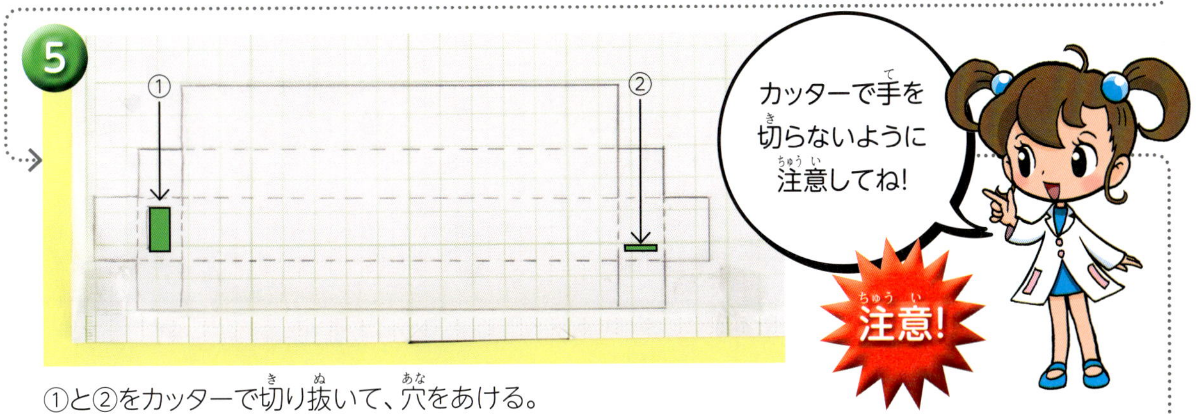

①と②をカッターで切り抜いて、穴をあける。

6

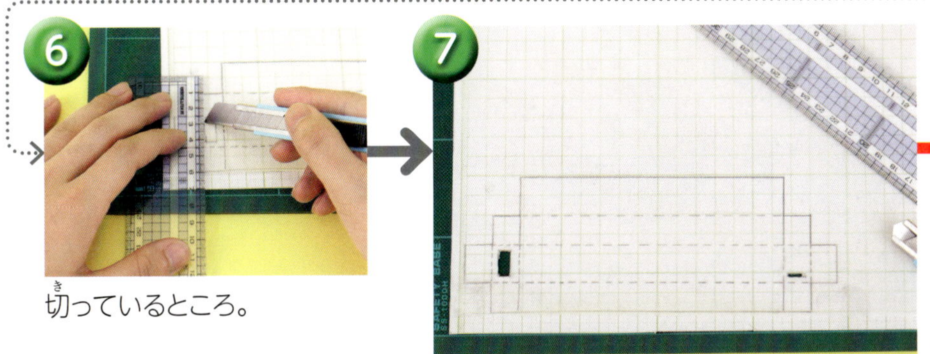

切っているところ。

7

切ったところ。穴が2つあいている。

次のページへつづく

8

黒い実線に沿ってハサミで切る。

9

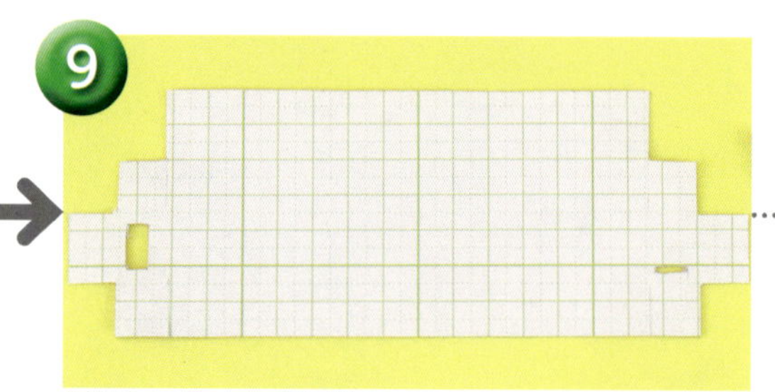

外枠を切って型紙をはずしたところ。⑤の実線の上をきちんと切っているか確認しよう。

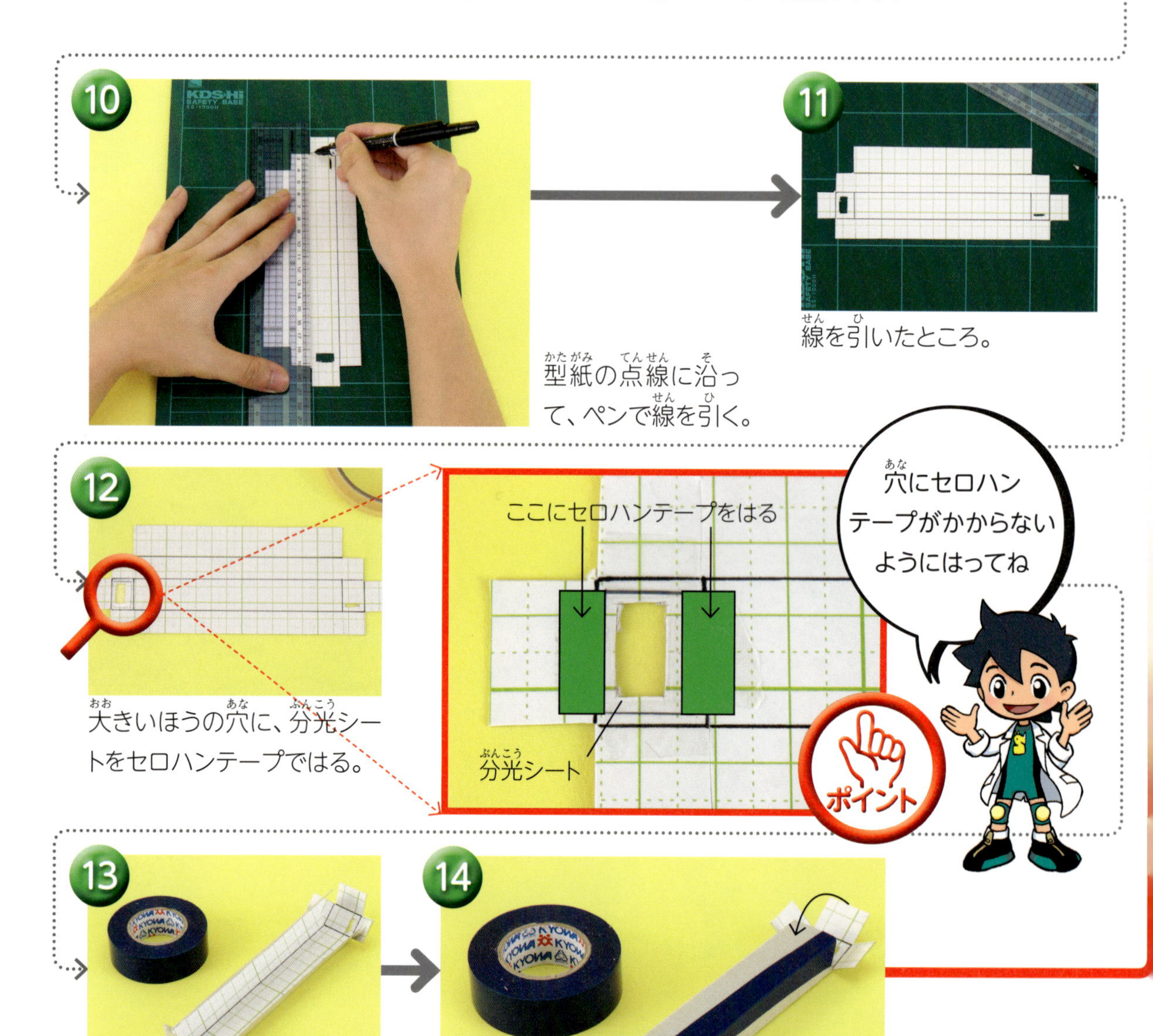

10 型紙の点線に沿って、ペンで線を引く。

11 線を引いたところ。

12 大きいほうの穴に、分光シートをセロハンテープではる。

13 黒い実線を谷折りする。

14 長い辺をビニールテープでとめ、短い辺を折って箱の形にする。

できあがり

ビニールテープでしっかり固定しよう!

ビニールテープでくるりととめて、箱を作る。分光器のできあがり!

遊んでみよう

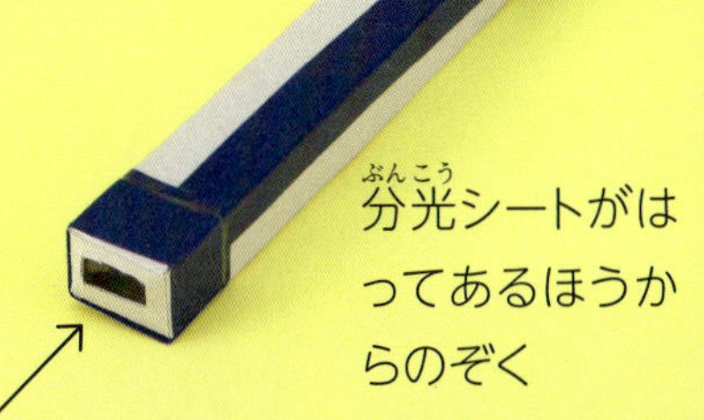

分光シートがはってあるほうからのぞく

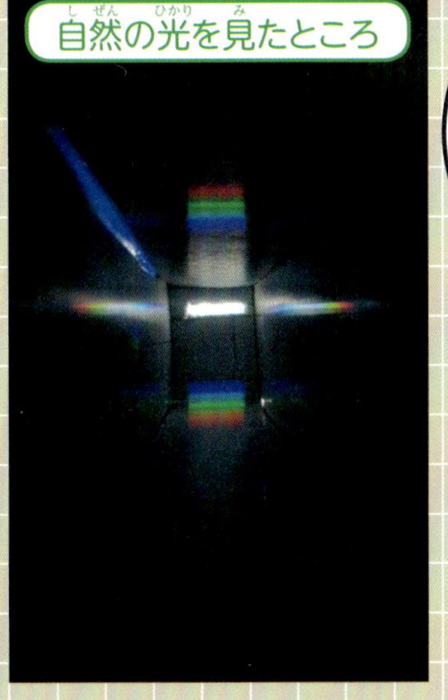

太陽を直接見てはダメ!気をつけて!

分光器を明るいところに向けて、中をのぞくと、虹が見える!自然の光と蛍光灯やテレビの画面では見え方に違いがあるので、いろいろ試してみよう!

光は虹に分解できるの?

私たちが見ている光は、実はさまざまな色の光が混ざり合ってできています。

分光シートは、光を混じる前の色に分けることができます。光のもともとの色は、赤、だいだい色、黄色、緑、青、藍、紫で、虹と同じ色なのです。その中の赤、青、緑の3色は「光の3原色」と呼ばれています。この3原色は、テレビやパソコンなどの色の表示に使われています。この3色を混ぜることによって、ほとんどの色の光を作ることができます。

赤と緑と青が混ざって、白ができている。

工作時間	難しさ	予算	学べる内容
20分	★★★	200円	偏光

Workshop 2

黒い壁をすり抜ける!?

ブラックウォールボックス

用意するもの

①偏光板〔1枚〕(はってある保護フィルムははがさない)
②工作用紙〔1枚〕

作ってみよう

1

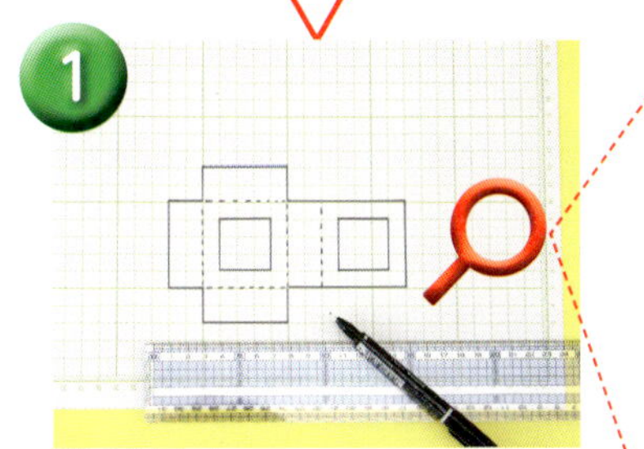

工作用紙に、ペンで本体の展開図を描く。

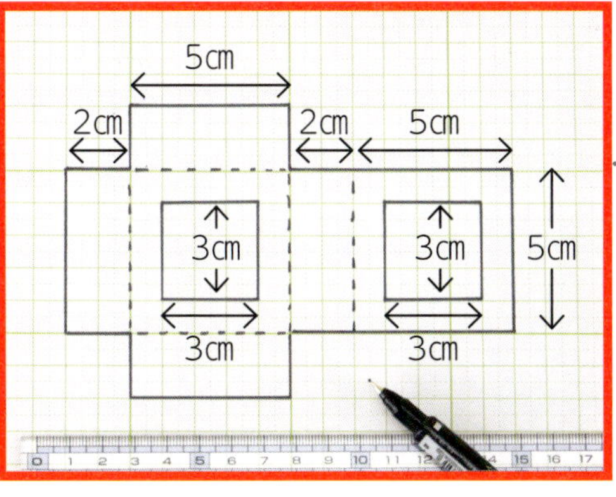

本体の展開図は81ページの型紙を使って描こう！ 方眼紙の目盛りをよく見てね！

2

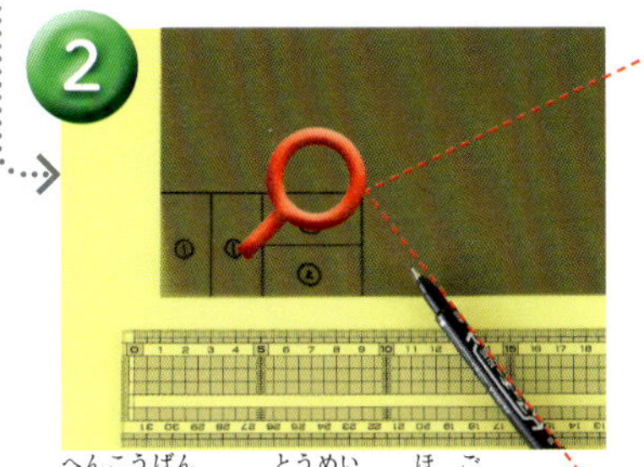

偏光板の、透明な保護フィルムがついている面に、ペンで切りとり線と番号を書く。

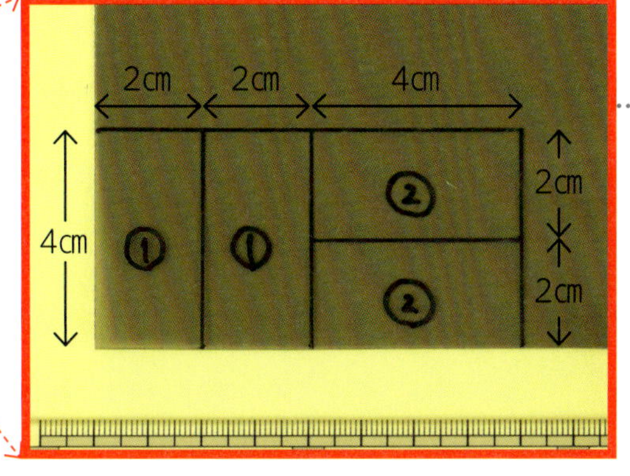

切りとり線と番号は、この写真のように書いてね！ ①番と②番は同じ大きさだけど、向きが違うんだ。

3

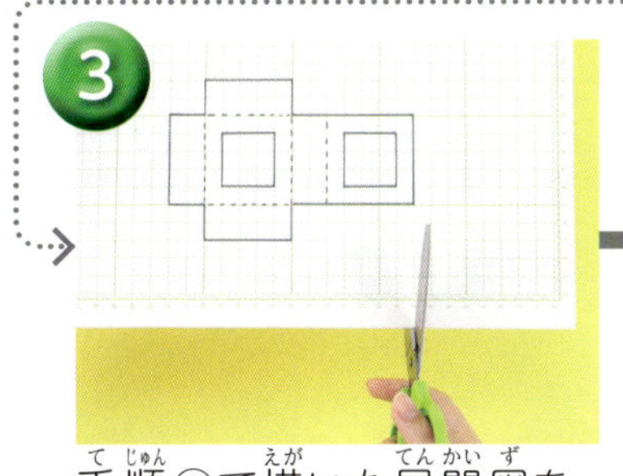

手順①で描いた展開図を、実線に沿ってハサミで切る。

4

ハサミで切れない内側部分は、カッターで切り抜こう！

5

偏光板を切りとり線に沿って、ハサミで切る。

次のページへつづく

6

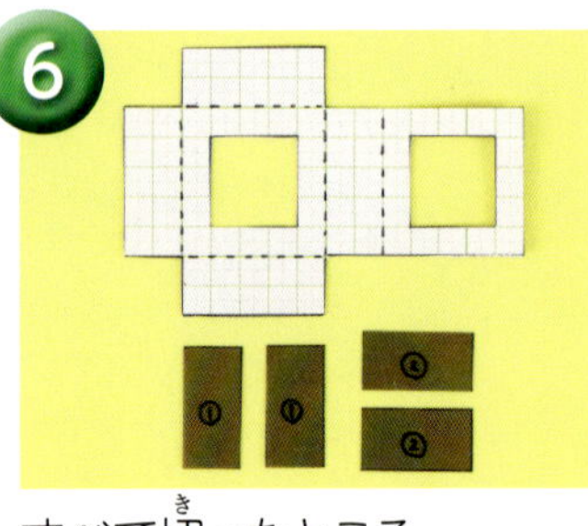

すべて切ったところ。

7

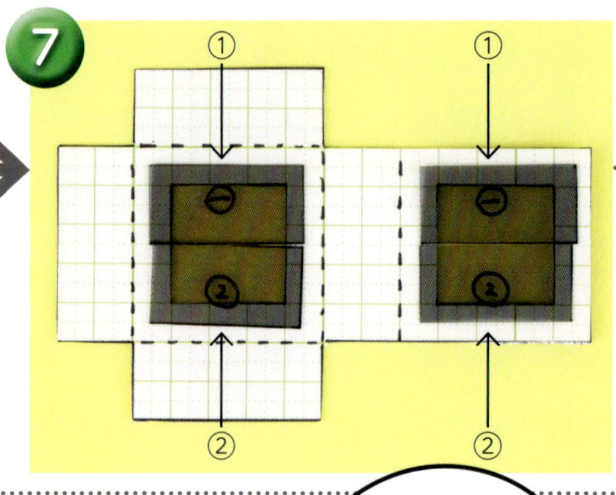

本体の上に偏光板をこの写真のように並べる。並べ方をまちがえないように注意!

8

偏光板の透明な保護フィルムを両面ともゆっくりとはがす。

偏光板に指紋がつかないように注意しながらはがそう!

9

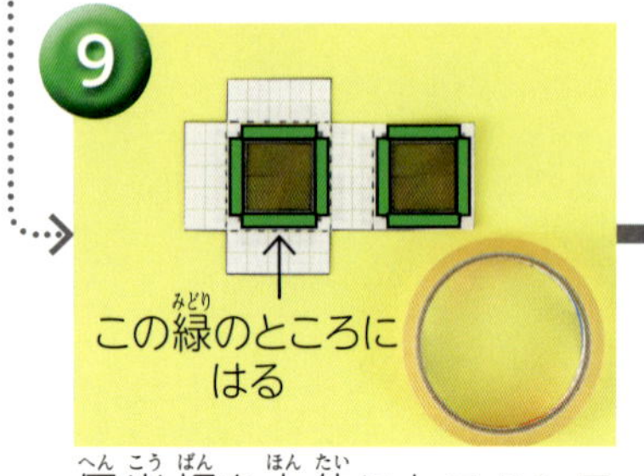

偏光板を本体にセロハンテープではりつける。

10

本体の点線を谷折りすると、箱の形になる。

11

長い辺だけをセロハンテープでとめて、箱を作る。

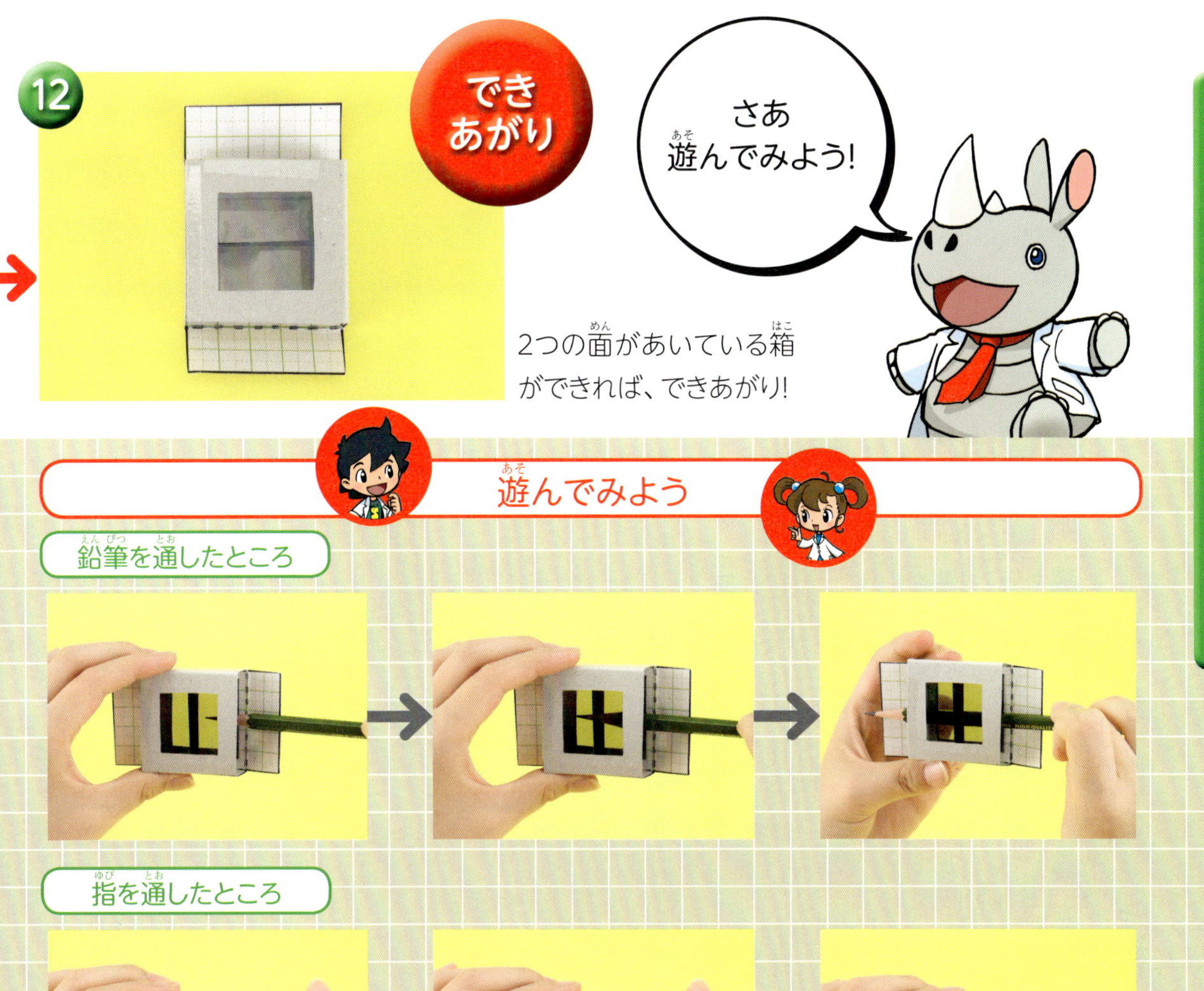

ブラックウォールボックスの中に、細長いものを通してみよう! するとあらら!? 黒い壁が見えるのに、ものが通り抜けている! 壁はどこに行ったんだ? いろいろ通して実験してみよう!

サイエンス

偏光板って何だろう?

光は、波のように揺れて届きます。私たちがふだん海で見ている波は上下に揺れていますが、光は360度、あらゆる向きに揺れる波が混ざっています。このうち、1つの向きにのみ揺れている光を「偏光」と呼びます。偏光板は一方向の光しか通さない性質があるため、2枚重ねたときに、その向きがそろっていれば光が通ります。90度違っていると光はまったく通れないので、黒い壁(ブラックウォール)ができているように見えるのです。

偏光板の向きが同じとき
透き通って見える

偏光板の向きが90°違うとき
光が通らないので黒く見える

工作時間	難しさ	予算	学べる内容
90分	★★★	400円	光の反射

Workshop 3

鏡の迷宮へようこそ!

3D万華鏡ラビリンス

用意するもの

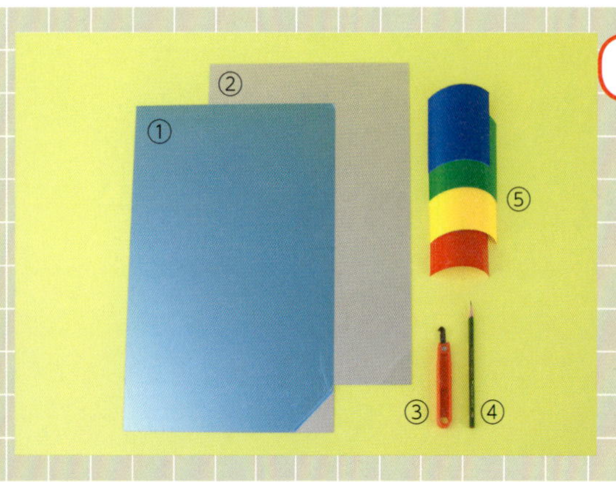

①両面ミラー〔塩化ビニール板を1枚〕
②片面ミラー〔ポリカーボネイト板を1枚〕
③プラスチックカッター
④鉛筆
⑤カッティングシート(いろいろな色があると楽しい)
⑥ビニールテープ〔黒〕(写真はp.8)

作ってみよう

1

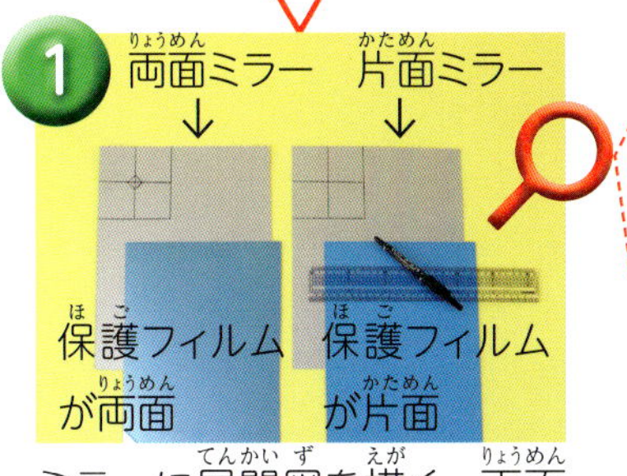

ミラーに展開図を描く。両面ミラーにはのぞき穴も描く。

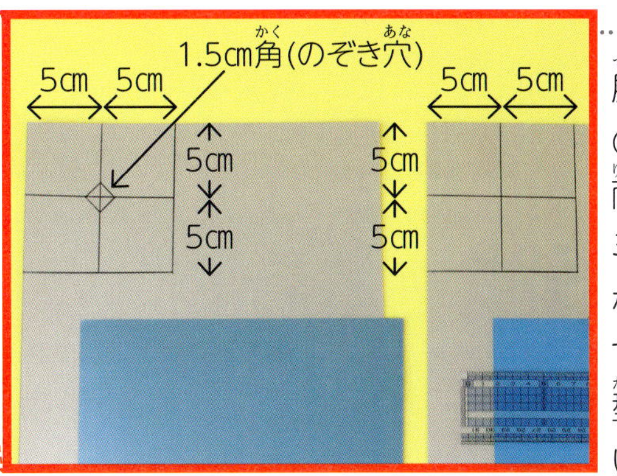

展開図はこの写真の寸法で描こう！両面ミラーと片面ミラーをまちがえないように注意してね。76ページの型紙を写してもいいよ！

2

ミラーを③の形になるようハサミで切りとる。

3

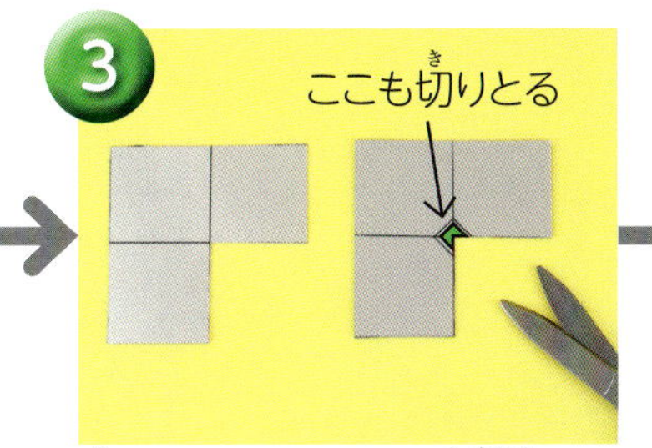

切りとったところ。両面ミラーはのぞき穴も切りとる。

4

両面ミラーの銀色の面の黒い線が折り目になる。そこに浅く切れ目を入れる。

5

片面ミラーを裏返し、折り目にカッターで切れ目を入れる。切り離さないように注意。

6

ミラーを切れ目に沿って軽く山折りにする。

7

自由に描いてOK！

片面ミラーのミラーでない面に、鉛筆でもようを描く。表紙の裏にある線を写してもよい。

8

⑦で描いたもようを、プラスチックカッターで削る。

9

2、3回なぞって、できるだけはっきりと削ろう！

10

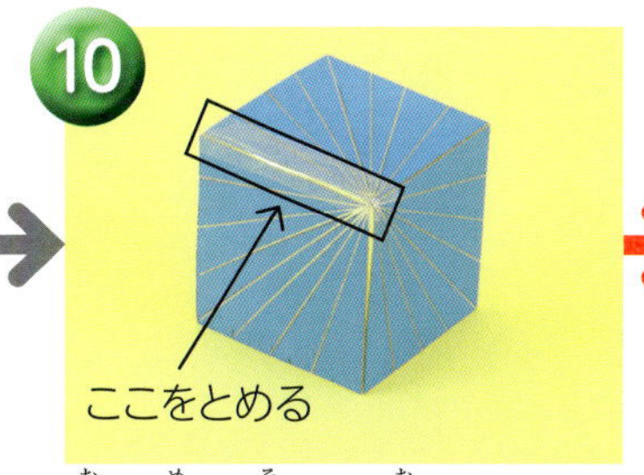

折り目に沿って折り、くっついた辺をセロハンテープでとめる。

次のページへつづく

11

両面ミラーの外側の保護フィルムをはがす。このとき、内側ははがさないよう注意。

12

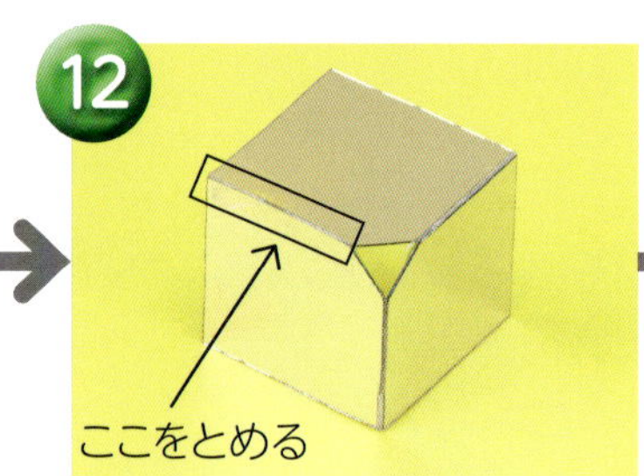

折り目に沿って両面ミラーを折り、くっついた辺をセロハンテープでとめる。

13

片面ミラーの内側の保護フィルムをはがす。このとき、ミラーをさわらないように注意。

14

両面ミラーの内側の保護フィルムをはがす。このとき、ミラーをさわらないように注意。

15

両方のミラーの外側を持ち、立方体ができるように合わせる。

16

くっついた6つの辺をセロハンテープでそれぞれとめて、立方体を作る。

17

カッティングシートを好みの大きさにハサミで切る。

18

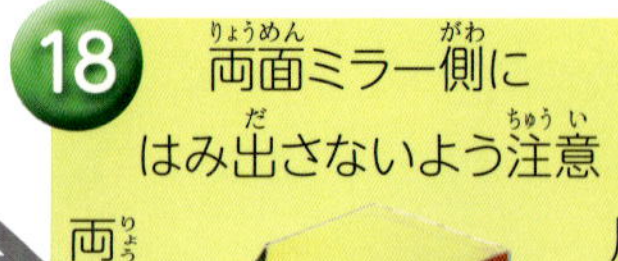

カッティングシートを片面ミラー側に、セロハンテープではる。両面ミラー側には、はらない。

19

カッティングシートをはったところ。⑨で削った線が見えなくなるようにはる。

20

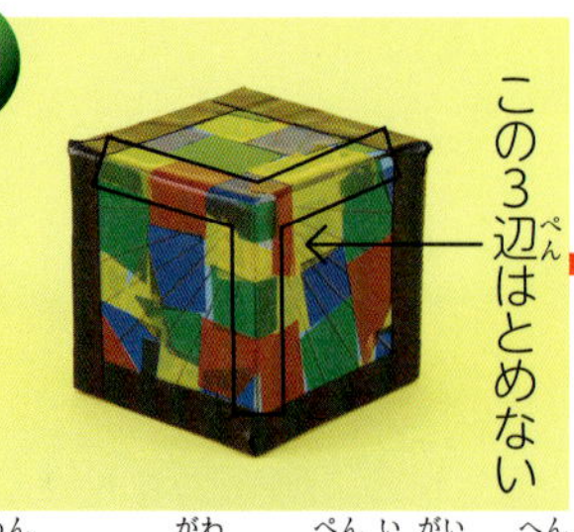

片面ミラー側の3辺以外の辺を、黒いビニールテープでとめる。

21

できあがり

両面ミラー側はのぞき穴を残してビニールテープをはろう。

遊んでみよう

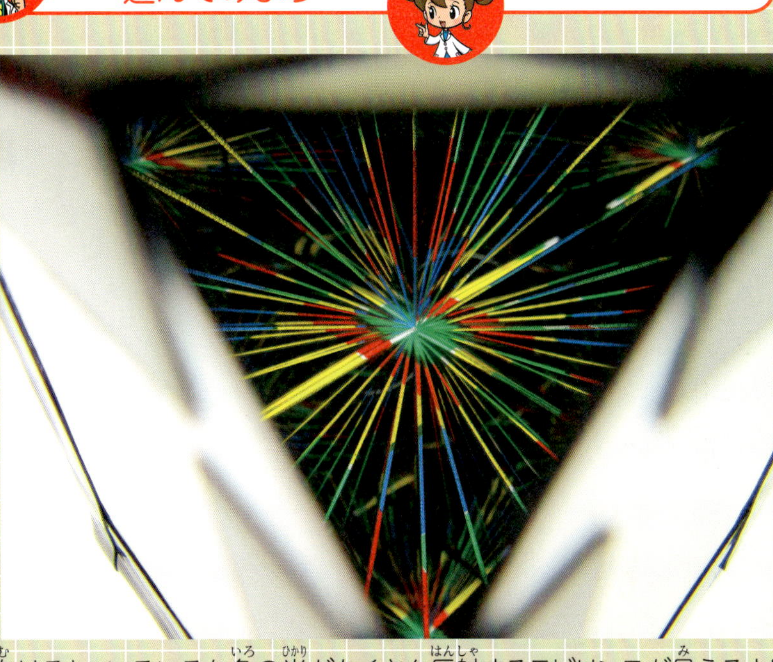

のぞき穴をのぞいて箱を光に向けると、いろいろな色の光がたくさん反射するラビリンスが見えるよ! キラキラ光って、本当にきれい! 片面ミラーに描くもようを変えたり、カラーセロハンの色を変えたりして、いろいろ作ってみよう!

サイエンス

鏡は光を反射する

私たちの暮らしに欠かせない鏡ですが、なぜ景色や物が映るのでしょうか。それは鏡が可視光線(目に見える光)をまっすぐに反射するからです。2枚の鏡を合わせると、像(鏡に映ったもの)がそれぞれの鏡に連続して映ります。これを「合わせ鏡」といいます。合わせ鏡は、2枚の鏡を近づけたり、鏡の数を増やしたりすると、より多くの像を映すようになります。3D万華鏡ラビリンスは、そんな鏡の効果を利用した工作です。

鏡は身近なところで使われている。

工作時間	難しさ	予算	学べる内容
45分	★★★	450円	光の屈折

Workshop 4

世界がさかさに見える!

カメラ・オブスキュラ

用意するもの

①凸レンズ〔40㎜を1つ〕
②トレーシングペーパー〔2枚〕
③ビニールテープ
④ボール紙〔黒、B4サイズを1枚〕
⑤両面テープ〔幅5㎜〕(写真は8ページ参照)

作ってみよう

1

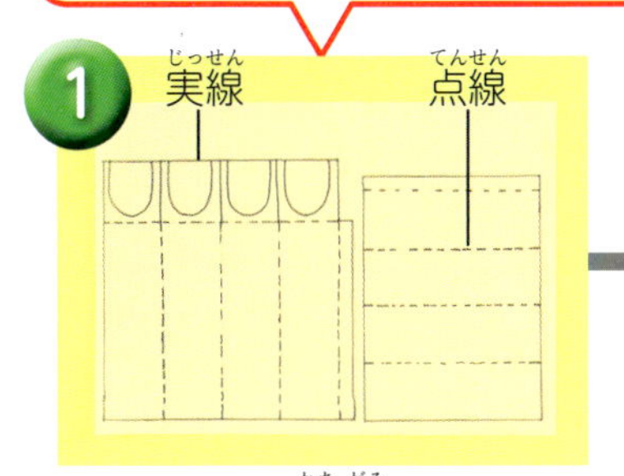

77ページの型紙をトレーシングペーパーに写し、ボール紙にセロハンテープではる。

2

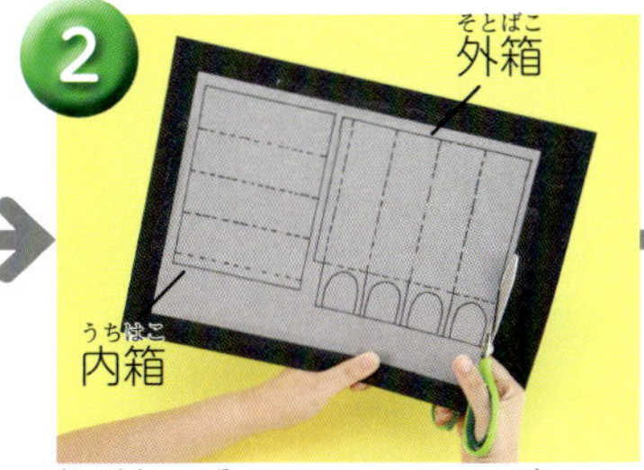

実線に沿ってハサミで切る。点線は切らない。

3

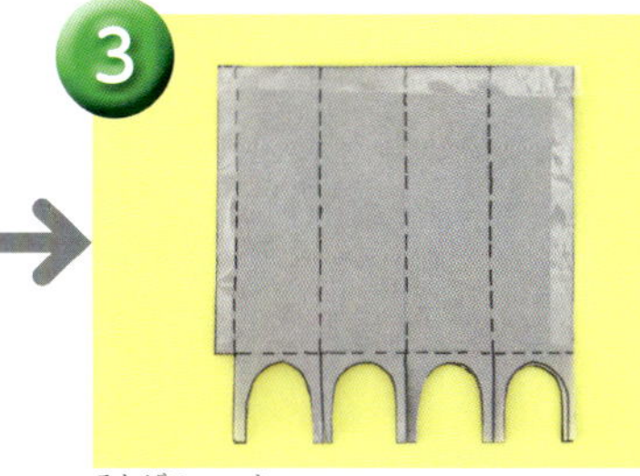

外箱を切ったところ。トレーシングペーパーを軽くはり直し、内箱も同じように切る。

4

外箱の点線に定規をあててカッターで軽く切れ目を入れる。切り離さないように注意。

5

同じように内箱も、点線にカッターで軽く切れ目を入れる。切り離さないように注意。

6

トレーシングペーパーをはがす。

7

内箱もはがす。

8

外箱の切れ目のところを内側に折り、いちばん細い面に両面テープをはってとめる。

9

外箱をとめたところ。とめた部分の外側にビニールテープをはり、補強する。

10

ビニールテープで補強したところ。

11

内箱も、切れ目のところを内側に折り、いちばん細い面に両面テープをはってとめる。

次のページへつづく

12

内箱も同じように、とめたところの外側をビニールテープで補強する。

13

外箱の外枠の細いところに両面テープをはる。幅に合わせてテープを細長く切ろう。

14

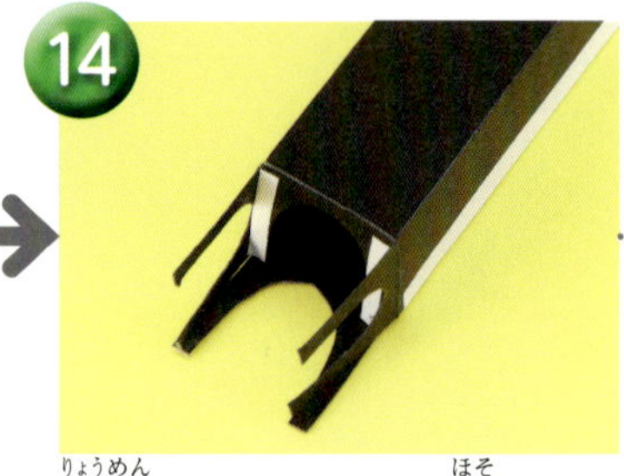

両面テープをはった細いところを内側に折ってはくり紙をはがす。

15

向かい側の細いところを折り上げて⑭にはる。

16

次に、⑮でできた穴のまわりに、両面テープを、穴にかかるようにはる。

17

両面テープのはくり紙をはがし、凸レンズの凸側が上になるようにはる。

18

レンズをはったところ。残った外枠の細いところ4カ所に、両面テープをはる。

19

はくり紙をはがし、外枠を折ってはり合わせ、凸レンズを固定する。

20

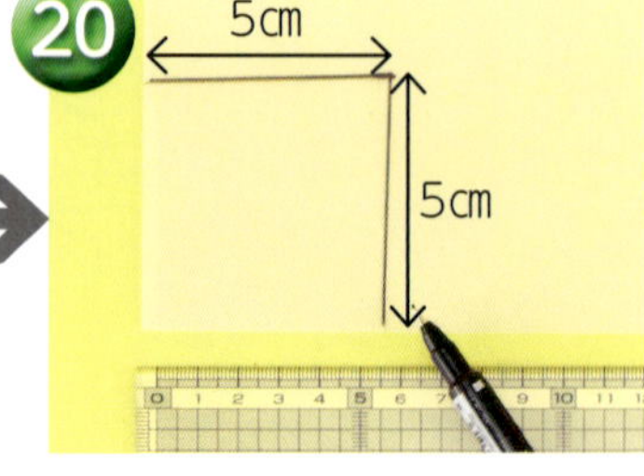

トレーシングペーパーにペンで5cm角になるよう線を引き、ハサミで切る。

21

切ったトレーシングペーパーを、内箱にのせる。

22

内箱に合わせてトレーシングペーパーを折り、セロハンテープでとめる。

23

外箱に内箱を入れる。トレーシングペーパーのついているほうから入れる。

外箱と内箱がスムーズに動くか確認しよう

遊んでみよう

内箱のほうからのぞくと、向こう側の景色がさかさまにトレーシングペーパーに写るよ！ 景色がぼやけていたら、内箱と外箱をずらして、ピントを合わせよう！ レンズを手で半分に隠して見たら、どのように見えるかな?

※太陽を直接見ないでください。

サイエンス 凸レンズは光を集める

私たちが見ている景色は、光が目に届くことで見えています。凸レンズは、反対側からレンズに入ってくる光を曲げて、集めます。「ピントが合う」とは、凸レンズが曲げた光がトレーシングペーパー上の一点に集まった状態のことなのです。凸レンズを通すと、景色はさかさまに見えるようになります。この原理は、カメラに利用されています。カメラ・オブスキュラはカメラの語源であり、ラテン語で「暗い部屋」という意味です。

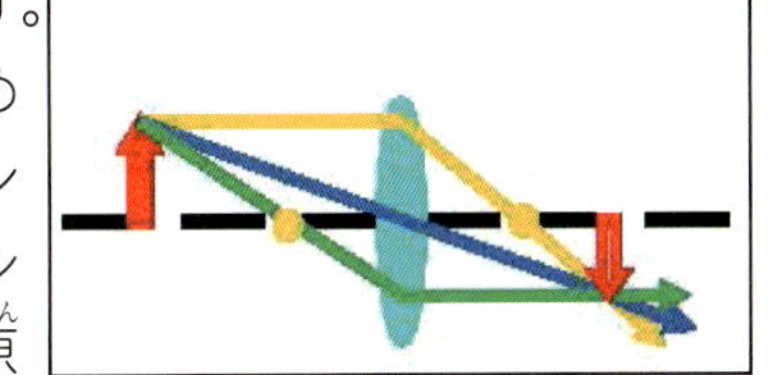

レンズは光を曲げて、1カ所に集める。

工作時間	難しさ	予算	学べる内容
60分	★★★	200円	光の複屈折

Workshop 5

ビーズもビー玉もいらない!

偏光板万華鏡

用意するもの

①偏光板〔10㎝角程度を1枚〕
②両面ミラー〔塩化ビニール板。10㎝角程度を1枚〕
③千代紙〔好みで折り紙でも可〕
④段ボール〔3×13㎝〕(p.58を参照して半段ボールにする)
⑤紙の筒〔内側3㎝くらい、長さ7.5㎝〕
⑥OPPテープ※セロハンテープは使えません

作ってみよう

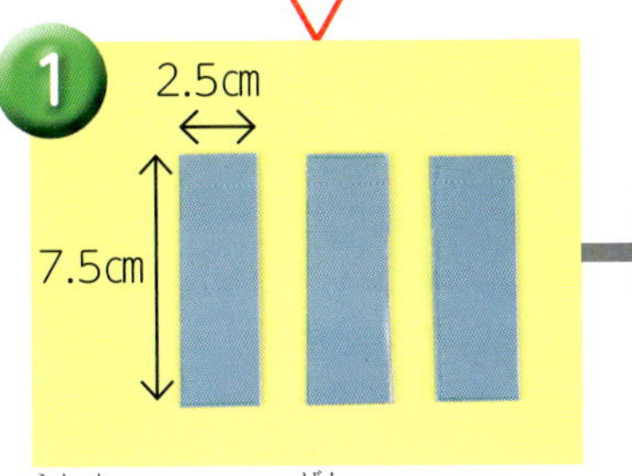

1 塩化ビニール板を、2.5×7.5㎝に3枚切る。

2 偏光板の上に紙の筒をおき、縁に沿って線を引く。

3 ②で引いた線に沿って、偏光板を切る。

4 半段ボールを、段の部分が内側になるように、紙の筒に巻く。

5 巻いたところ。

6 半段ボールのつなぎ目を、ビニールテープでとめる。

7 半段ボールを巻いた面を下にして、偏光板の上におき、縁に沿って線を引く。

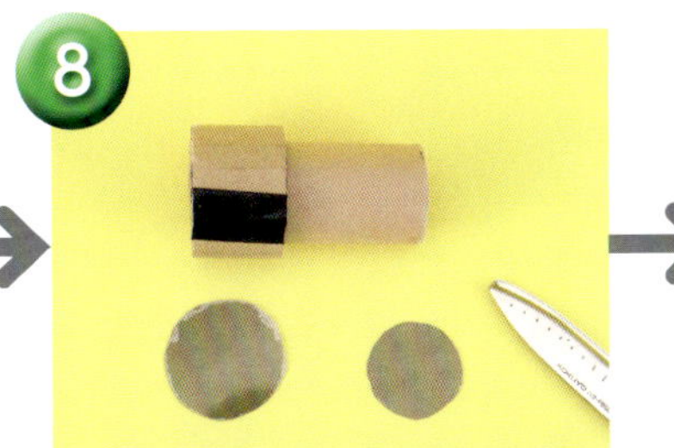

8 引いた線に合わせて、偏光板を切る。

9 偏光板の片面の保護シートをはがす。はがしにくいので気をつける。

10 2枚ともはがしたところ。

11 はがした面を上にして、2枚の偏光板にそれぞれOPPテープをはる。

次のページへつづく

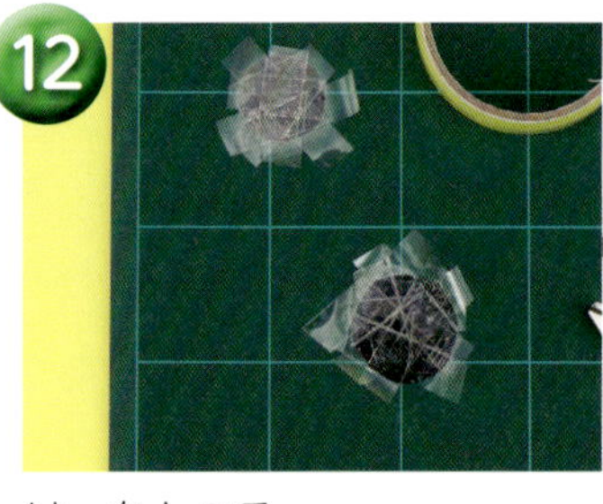
12 はったところ。

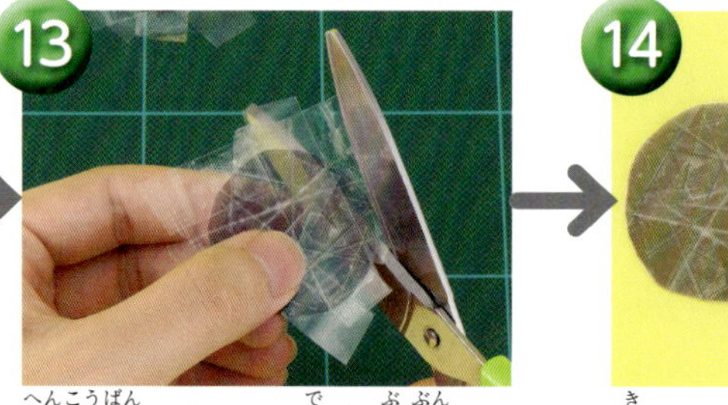
13 偏光板からはみ出た部分を、ハサミで切る。

14 切ったところ。

15 塩化ビニール板を、白い面を上にして並べる。

16 白い面の保護フィルムを、3枚ともはがす。

17 はがした面を上にして並べる。

18 並べた3枚を、ビニールテープではってつなぐ。

19 塩化ビニール板を裏返す。

20 青い面の表面の保護フィルムを、3枚ともはがす。

21 最後の1枚は、手でさわらないように、紙などで押さえてはがすといい。

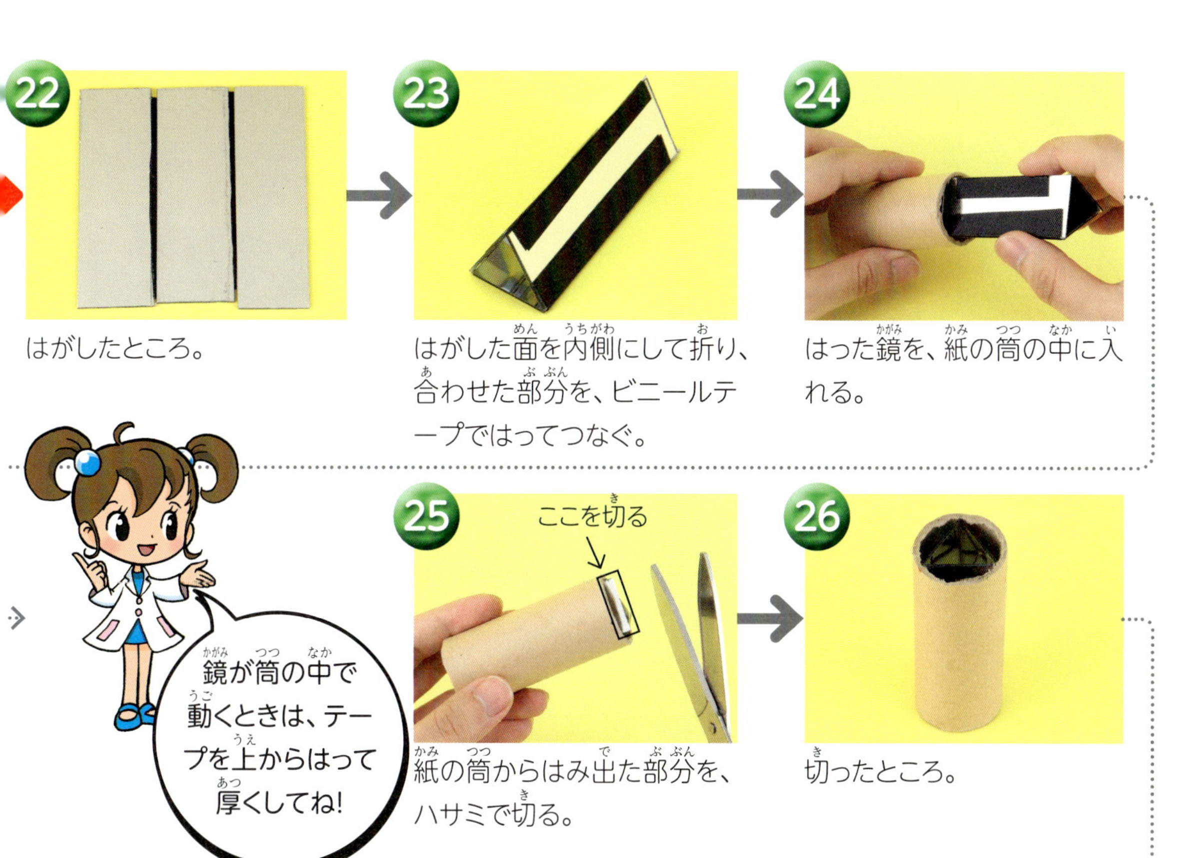

22 はがしたところ。

23 はがした面を内側にして折り、合わせた部分を、ビニールテープではってつなぐ。

24 はった鏡を、紙の筒の中に入れる。

25 紙の筒からはみ出た部分を、ハサミで切る。

26 切ったところ。

27 ⑭の偏光板の、OPPテープをはっていない面の、保護フィルムをはがす。

28 小さい偏光板を、OPPテープをはった面を外側にして、紙の筒にはる。

29 大きい偏光板を、OPPテープをはった面を内側にして、半段ボールにはる。

30 2つの偏光板を合わせるように、紙の筒を半段ボールに入れる。

31 入れたところ。

次のページへつづく

32

千代紙や折り紙を表面にはって、かざりつければできあがり!

遊んでみよう

万華鏡の中はモザイクもよう。クルクル回すと、どんどんもようが変わっていく！　楽しいよ!

サイエンス　どうしていろいろな色に変わるの?

17ページで学んだように、偏光板は光の向きをそろえる性質があります。偏光板によってそろえられた光（偏光）は、特殊な性質を持つOPPテープなどを通ると、その角度が変わってしまいます（複屈折）。変わる角度は光の色によって異なるので、その光が別の偏光板を通ろうとすると、偏光板に合った色の光しか通れません。そのため、偏光板を回すことによっていろいろな色が見えるのです。

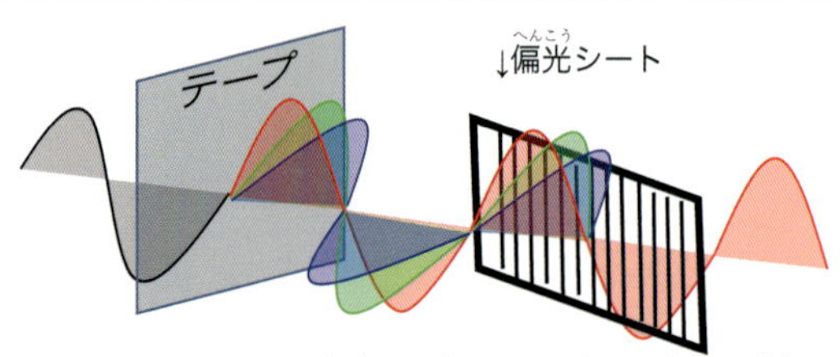

おもしろい！ 使う工作

ここで紹介するのは、
みんなで使って楽しめる工作です。
話したり聞いたり、お風呂に入れたり、
家族やお友達と一緒に遊んでみてください。

工作時間	難しさ	予算	学べる内容
30分	★★★	100円	音の伝達

作って歌おう!

エコーマイク

用意するもの

①紙コップ〔2つ〕
②針金〔直径0.5mmくらい、長さ1.4～1.5mくらい〕
③ケント紙〔A4サイズ〕
④木の棒〔直径1cmくらい〕(ペンなどでもよい)

作ってみよう

1. 針金と木の棒を用意する。

2. 針金の端を3cmくらい残して、木の棒に巻いていく。

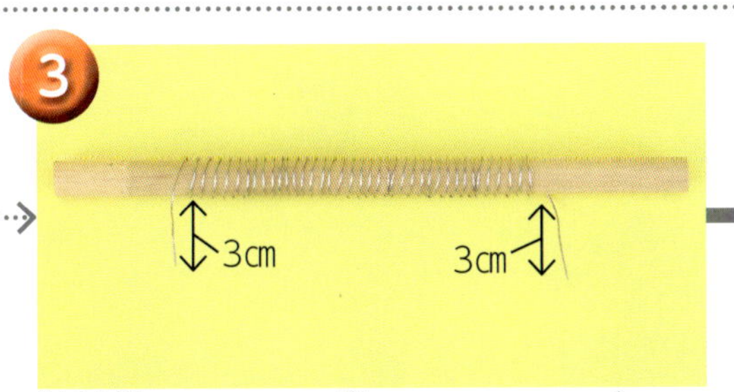

3. 反対側も3cmくらい残すようにして、巻きつける。

4. 紙コップの底のまん中に、カッターで切れ目を入れる。

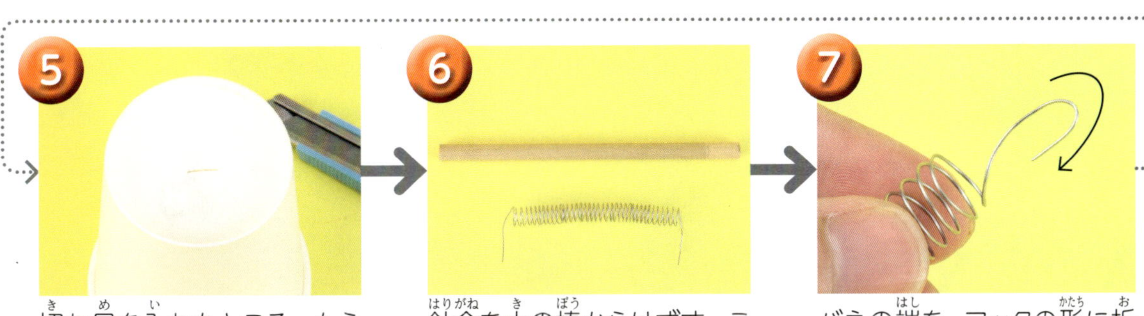

5. 切れ目を入れたところ。もう1つも同じように入れる。

6. 針金を木の棒からはずす。これがバネになる。

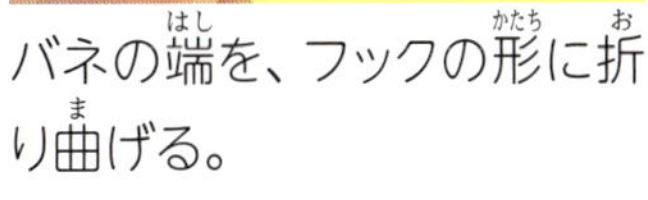

7. バネの端を、フックの形に折り曲げる。

8. 曲げた部分を、直角に折り曲げる。

9. バネの端を、紙コップの切れ目に刺してつなげる。反対側の端も同じようにつなげる。

次のページへつづく

⑩ つなげたところ。

⑪ ケント紙に線を引く。

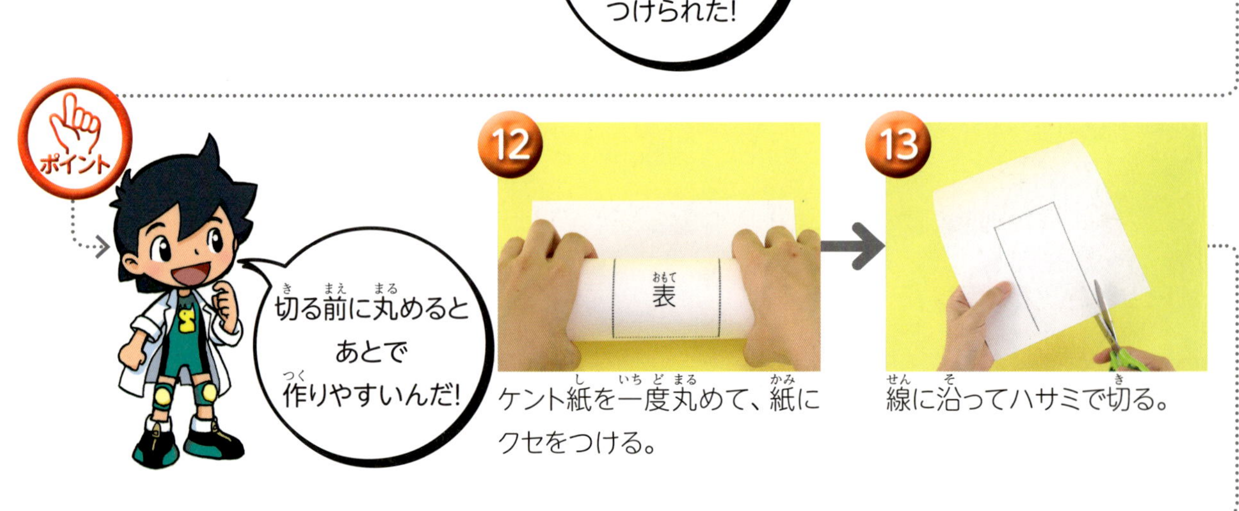

⑫ ケント紙を一度丸めて、紙にクセをつける。

⑬ 線に沿ってハサミで切る。

⑭ 切ったところ。

⑮ 裏側に両面テープをはり、はくり紙をはがす。

⑯ ⑩の紙コップをケント紙の端におき、巻いていく。

⑰ 巻き終わったところ。

ケント紙とコップのつなぎ目に、ビニールテープをはったらできあがり!

遊んでみよう

コップに口をあてて「あー!」と声を出してみると、大きな声になるよ。
そのときに、まん中のバネを指でさわると、バネがふるえているのがわかるよ。

ひとりがコップを耳にあてて、ふたりでお話ししても楽しいね。

声がエコーするのはなぜ?

音はものがふるえることで聞こえます。たとえば糸電話は糸がふるえて音を伝えています。エコーマイクも同様にバネがふるえて音を伝えます。声を出しながらバネをさわると、ふるえているのがわかるでしょう。さらにエコーマイクの場合は、バネの縦の振動により、声がバネのふるえとともに遅れた時間に届くため、声がエコーして聞こえるのです。

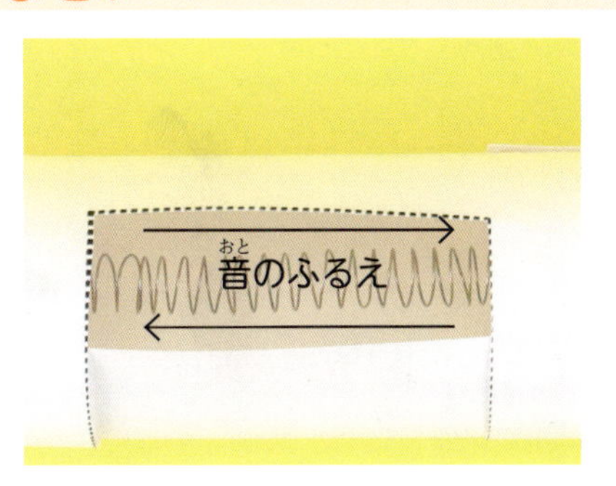

工作時間	難しさ	予算	学べる内容
30分	★★★	200円	音と電流

Workshop 7

紙コップでかんたん!

コップホン

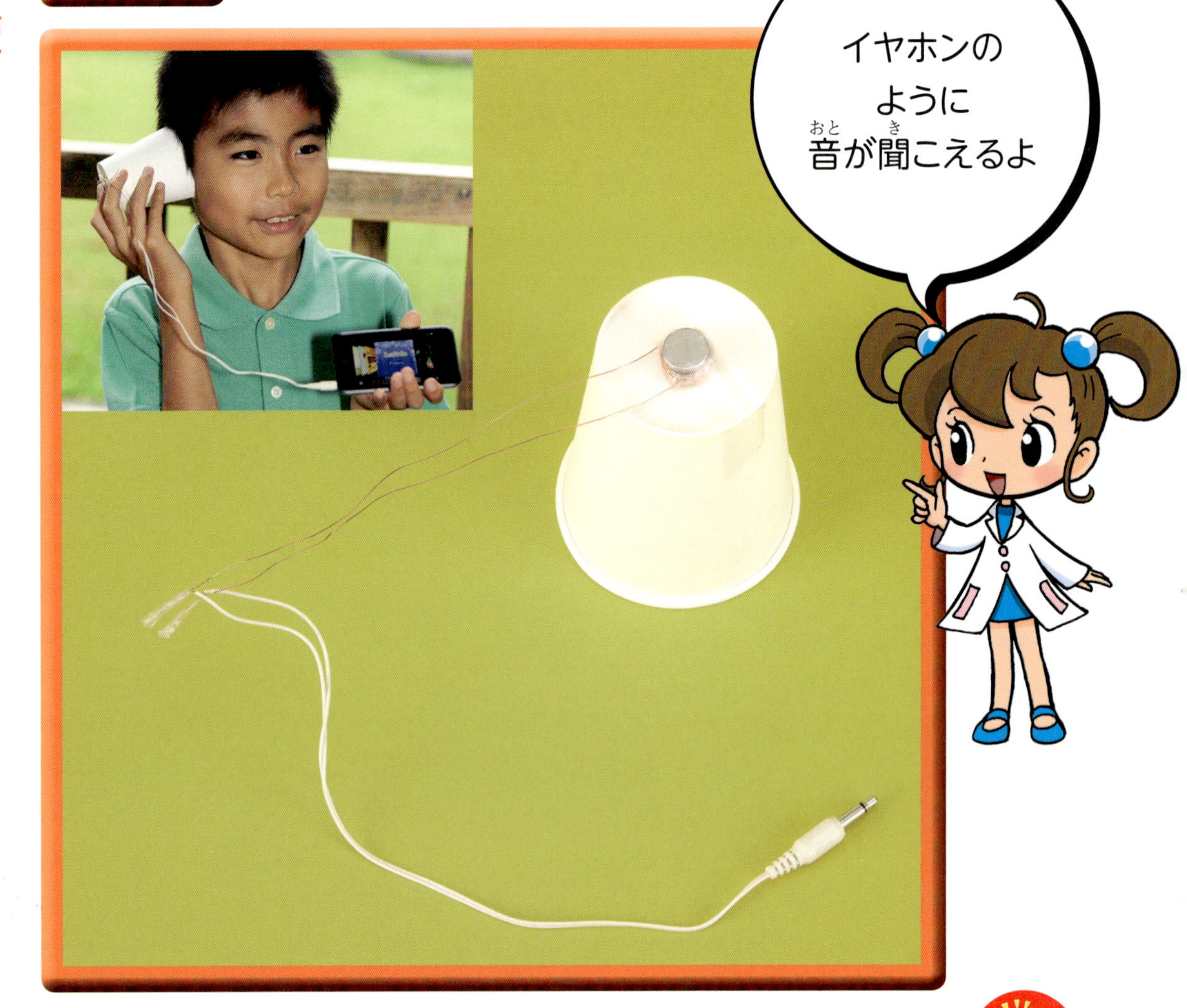

用意するもの

①ネオジム磁石〔1つ〕
②エナメル線〔直径0.4㎜くらい、長さ2mくらい〕
③紙コップ〔1つ〕
④太めの木の棒〔磁石と同じくらいの直径のもの〕(ペンなどでもよい)
⑤紙やすり
⑥モノラルイヤホン〔1つ〕

作ってみよう

1

エナメル線を木の棒に、40周くらい巻きつける。

2

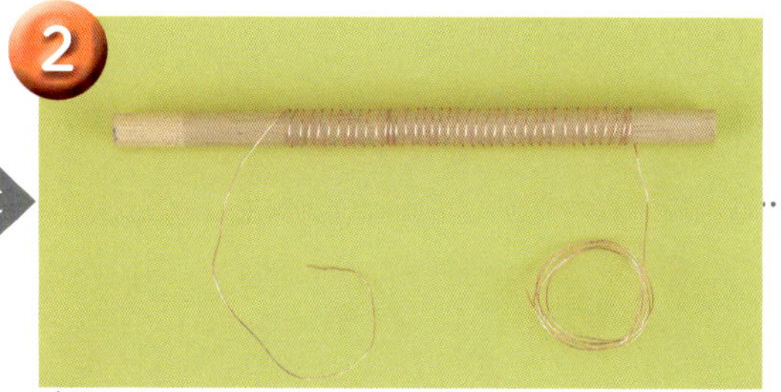

巻きつけたところ。

3

巻きつけた部分を縮める。

4

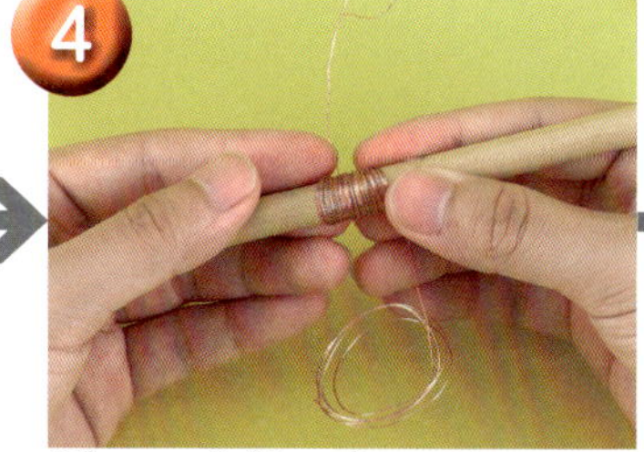

縮めた部分を押さえながら、木の棒をはずす。

5

セロハンテープを巻いた部分にはり、コイルを作る。

6

エナメル線を20㎝くらい残してハサミで切る。

7

線の先を2㎝くらい、紙やすりで削る。

8

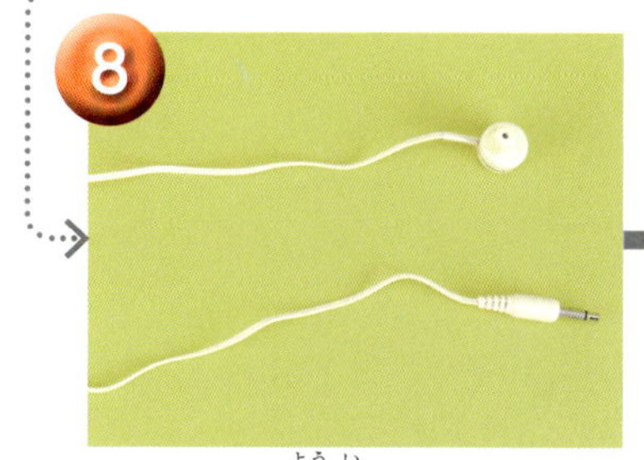

イヤホンを用意する。

9

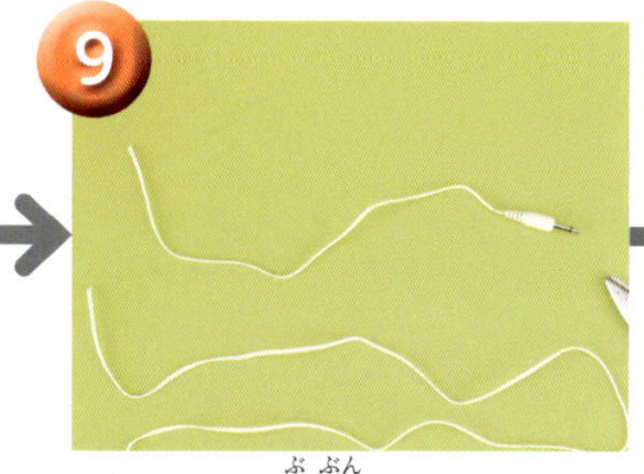

ジャックの部分から30㎝くらい残してハサミで切る。

10

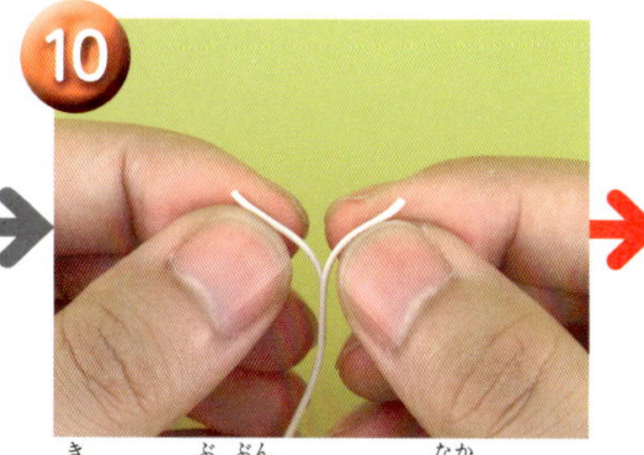

切った部分を、まん中から2つにさく。

次のページへつづく

11

20㎝くらいさいたところ。

12

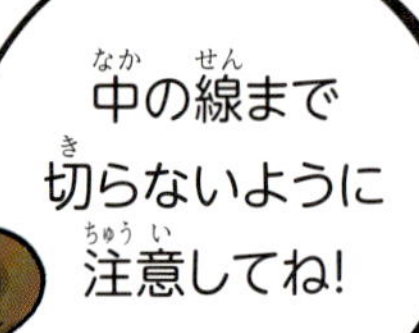

イヤホンの外側のビニールの部分を、先から2㎝くらい切ってはずす。

13

はずしたところ。

14

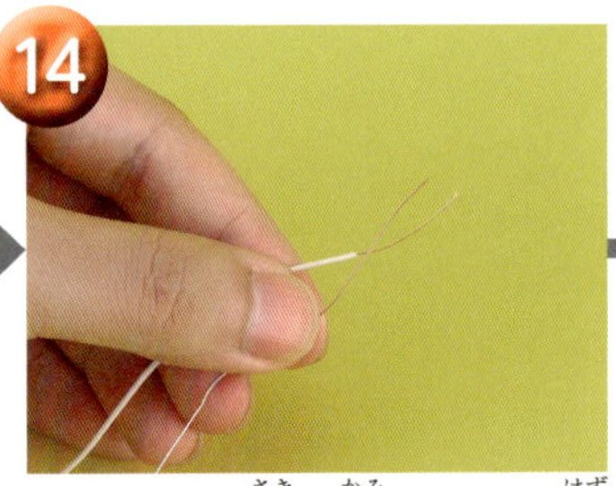

イヤホンの先も紙やすりで削り、⑦のエナメル線の端の部分に巻きつける。

15

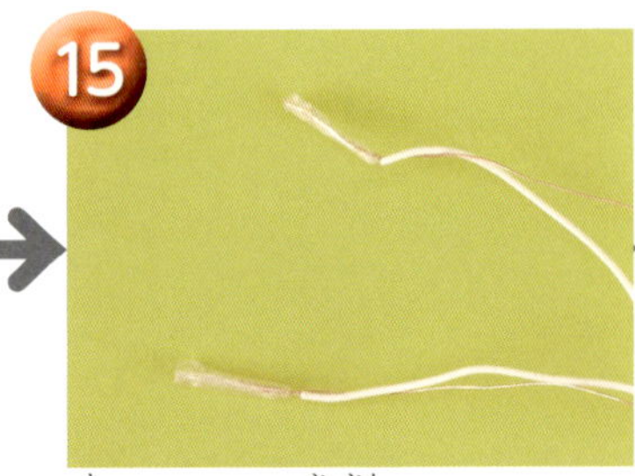

巻きつけた部分を、セロハンテープではる。

16

磁石を、⑤のコイルにはる。

17

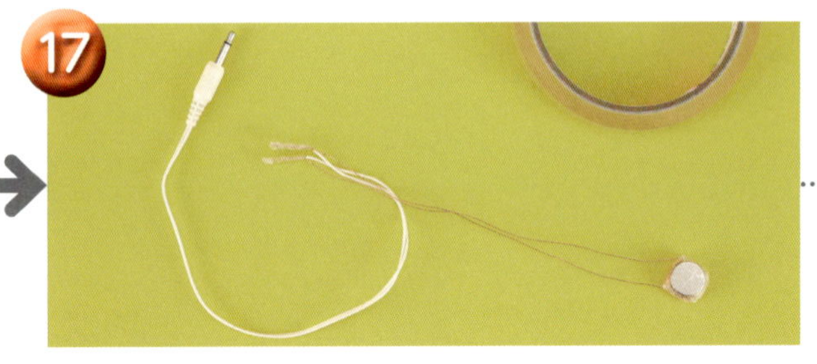

はったところ。

18

磁石を、紙コップの底の中心におく。

19

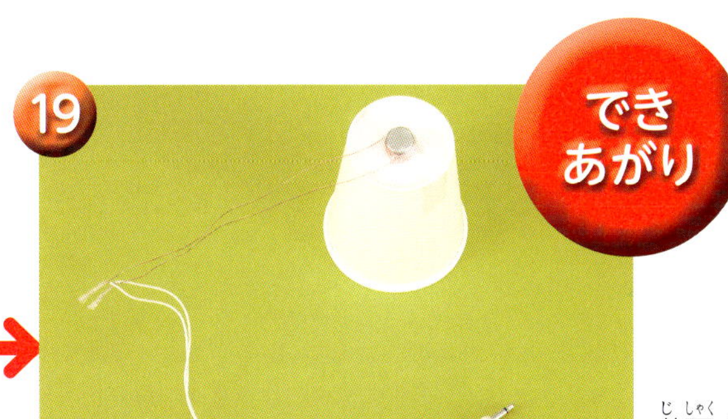

できあがり

磁石をセロハンテープではったら、できあがり!

遊んでみよう

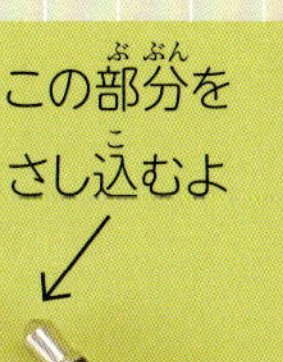

この部分をさし込むよ

ジャックの部分を、音楽プレーヤーなどにさし込むと…、

音楽が聞こえてくるよ。音量は大きめにするのがポイント。携帯電話やラジオなど、いろんなものにさして、試してみよう!

サイエンス

どうして音が聞こえるの?

音がふるえることで聞こえることは、35ページのエコーマイクで説明しました。エナメル線を巻いて作ったコイルに電流を流すと、コイルは磁石になります。電線を流れる電流の方向が瞬間的に何度も入れかわることで、コイルのS極とN極が何度も入れかわります。そのため、コイルと磁石がわずかに近づいたり離れたりして紙コップが振動することで、音が聞こえるのです。

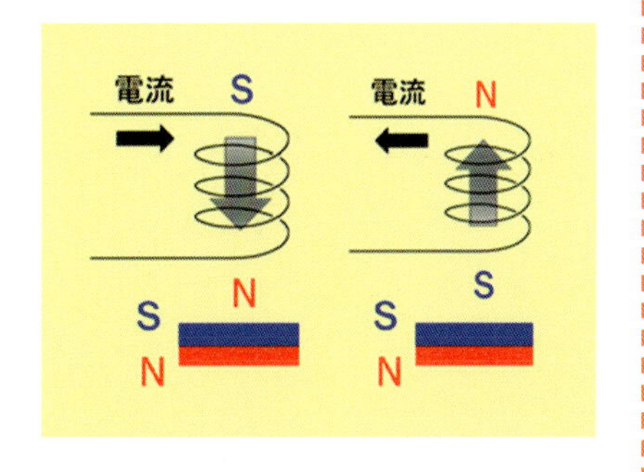

工作時間	難しさ	予算	学べる内容
30分	★★★	200円	中和反応

おうちで作れる! 入浴剤

用意するもの

①かたくり粉
②食紅〔お好みで〕
③アロマオイル〔お好みで〕
④エタノール
〔消毒用アルコールでもよい〕
⑤クエン酸
⑥プラスチックのカップ
〔ふたのあるものを1つ〕
⑦重曹
⑧キリ
⑨スプーン
⑩大さじ
⑪紙皿
〔少し深めのものを1つ〕
※本文中では、見やすくするために、透明のお皿を使用しています。

作ってみよう

1. 重曹を大さじ4杯（約40g）、お皿に入れる。

2. クエン酸を大さじ3杯（約30g）、お皿に入れる。

3. かたくり粉を大さじ1杯（約10g）、お皿に入れる。

4. 好みで食紅をほんの少しお皿に入れる。

5. よく、かき混ぜる。

6. よく混ざったら、エタノールを少しずつ、お皿に入れる。スポイトを使うと便利。

7. 底からかき混ぜながら、かたまりができないように、少しずつ入れていく。

8. 少し固くなってきたら、好みでアロマオイルを2、3滴、お皿に入れる。

9. 粉をお皿の側面に押しつけて、崩れてこなくなるまで、エタノールを入れる。かたまりができたらスプーンでつぶす。

10. 崩れてこなくなったら、粉をカップにうつす。表面が平らになるように、押し固める。

11. カップのふたに、キリで5カ所くらい穴をあける。

次のページへつづく

12

できあがり

ドライヤーで乾かしたりしないでね!

カップにふたをして、風通しのよい場所に、一晩おいたらできあがり!

遊んでみよう

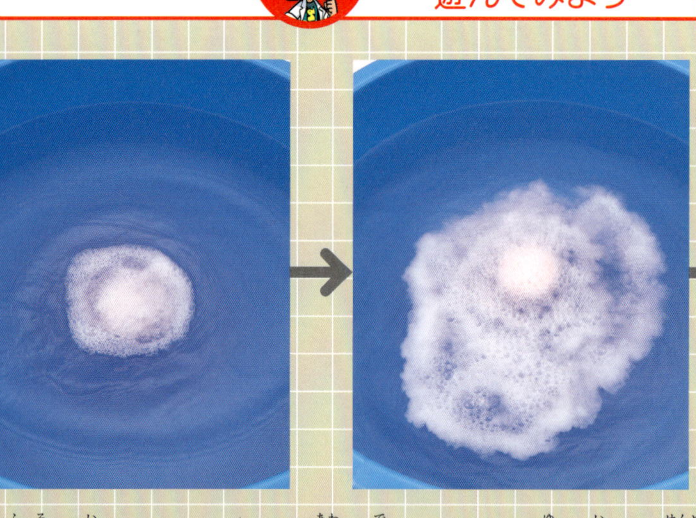

お風呂に入れると、ブクブクと泡が出てくるよ。お湯を入れた洗面器やバケツに入れて、足湯を楽しんでも気持ちいいね。
保存するときは冷蔵庫に入れて、1～2日で使いきってね。

※入浴剤には、消毒用のアルコールが入っているので、口に入れないように注意してください。
※入浴剤を使って肌に異常が出た場合は、ただちに使用を中止してください。

サイエンス

お湯に入れると、なぜ泡が出るの?

身の回りのものにはすっぱい「酸性」のもの、さわるとぬるぬるする「アルカリ性」のもの、どちらでもない「中性」のものがあり、酸性のものとアルカリ性のものは水の中でお互いの性質を打ち消しあって水と塩をつくります。これを「中和」といいます。さらに、アルカリ性の重曹が中和すると二酸化炭素も出します。入浴剤は重曹と酸性のクエン酸が中和するので、できた二酸化炭素が泡となって見えるのです。

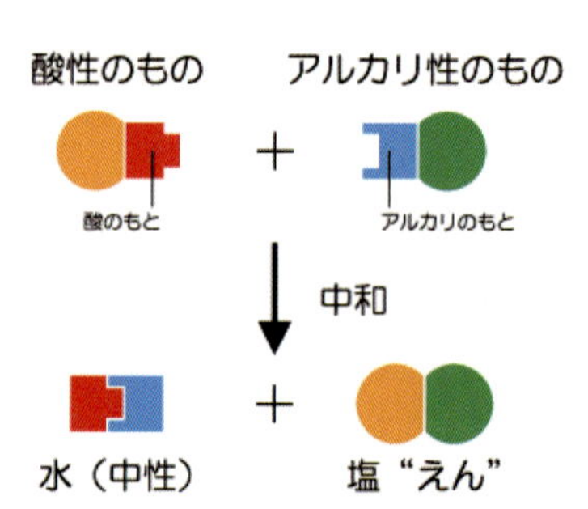

楽しい！ 動かす工作

ここに集めたのは動かして遊べる工作ばかりです。
作るのが難しいものもありますが、
完成したときのうれしさはかくべつです。
ぜひ挑戦してください！

工作時間	難しさ	予算	学べる内容
10分	★★★	100円	表面張力

Workshop 9

表面張力で動く!

エタノールボート

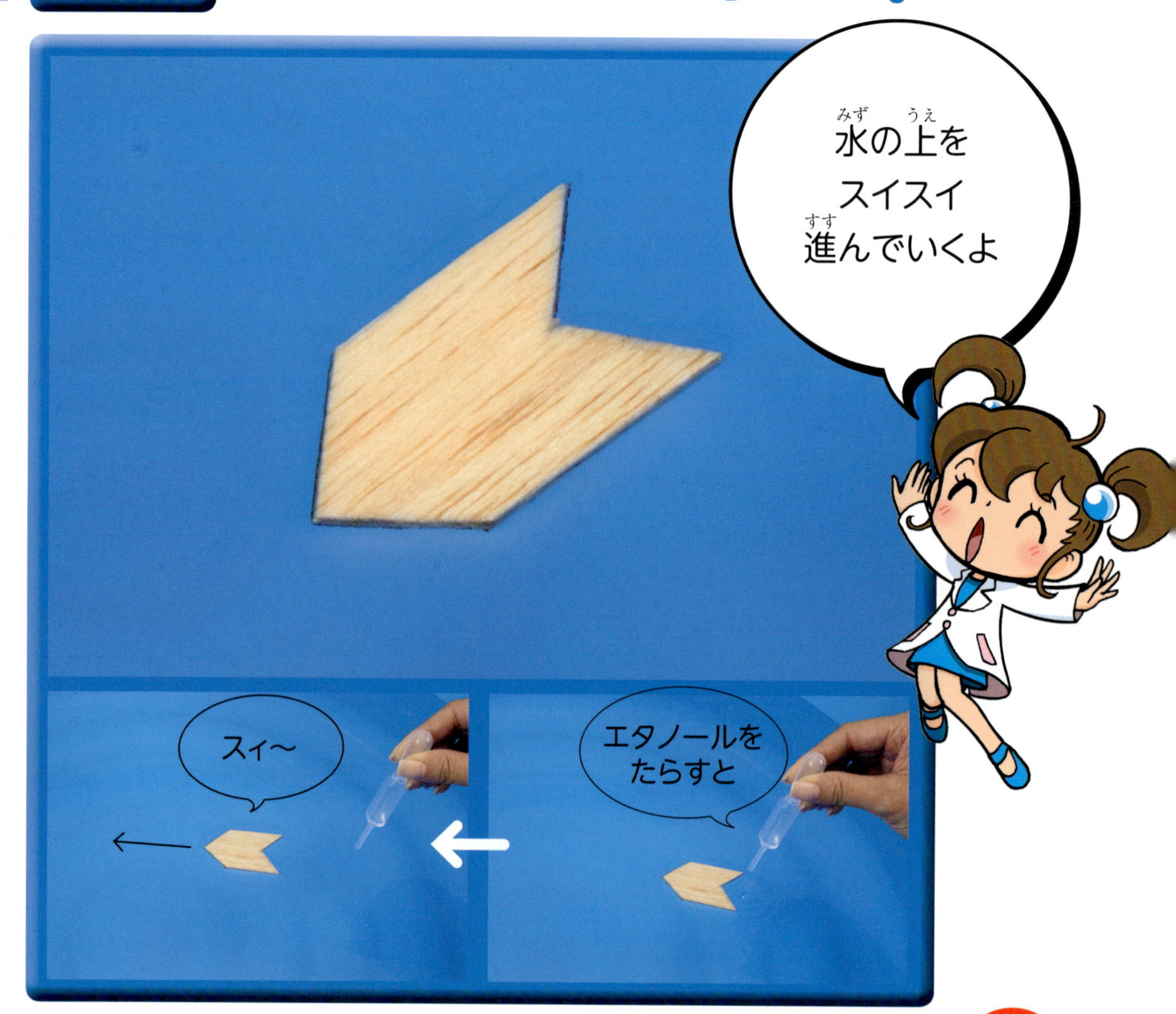

用意するもの

①エタノール
②バルサ材〔厚さ2mmで10cm角くらい〕
③スポイト〔1つ〕
④紙コップなどの容器〔1つ。エタノールを入れるのに使う〕

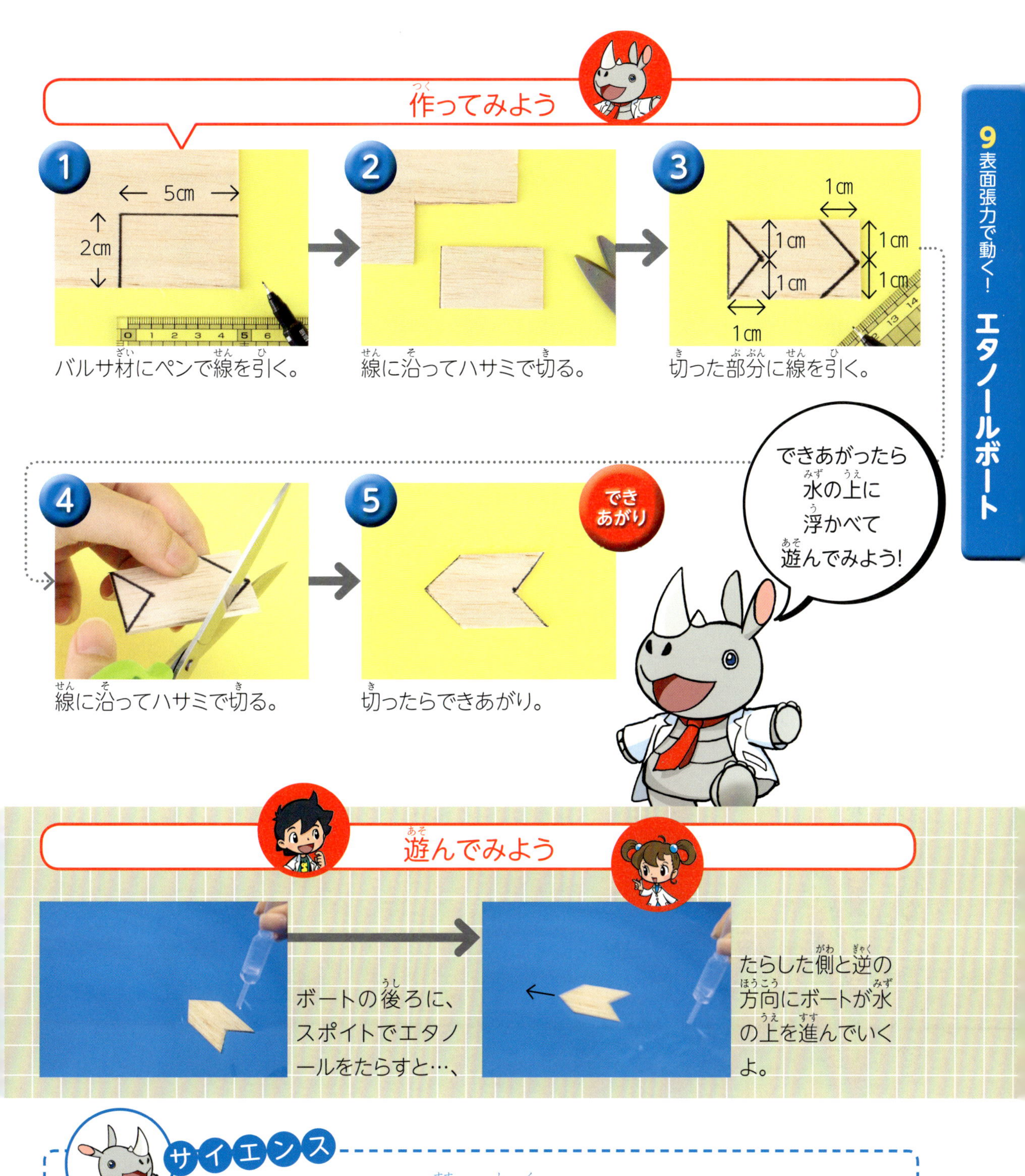

サイエンス ボートが進む仕組みとは?

表面張力とは、液体の表面積を小さくしようとする力です。ボートを水に浮かべると、この表面張力を受けて外向きに引っぱられます。この力はすべての方向から等しくかかるため、ボートは動きません。しかしエタノールには、この表面張力を小さくする働きがあります。そのため、エタノールをたらした場所だけ引っぱる力が弱まり、逆の方向にボートが進むのです。

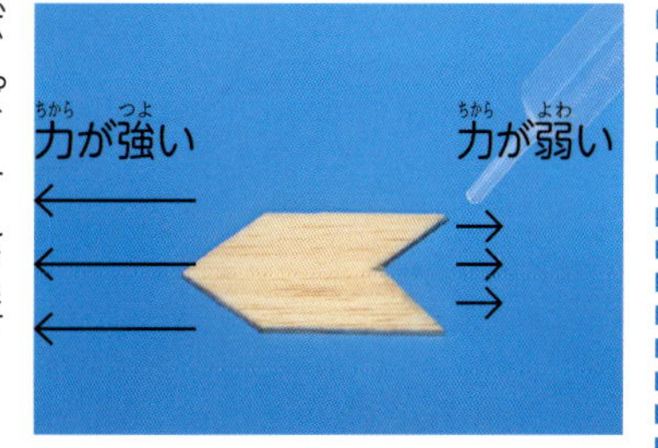

工作時間	難しさ	予算	学べる内容
10分	★★★	200円	重心

Workshop 10

斜めになってもきれいに回る!

マクスウェルのコマ

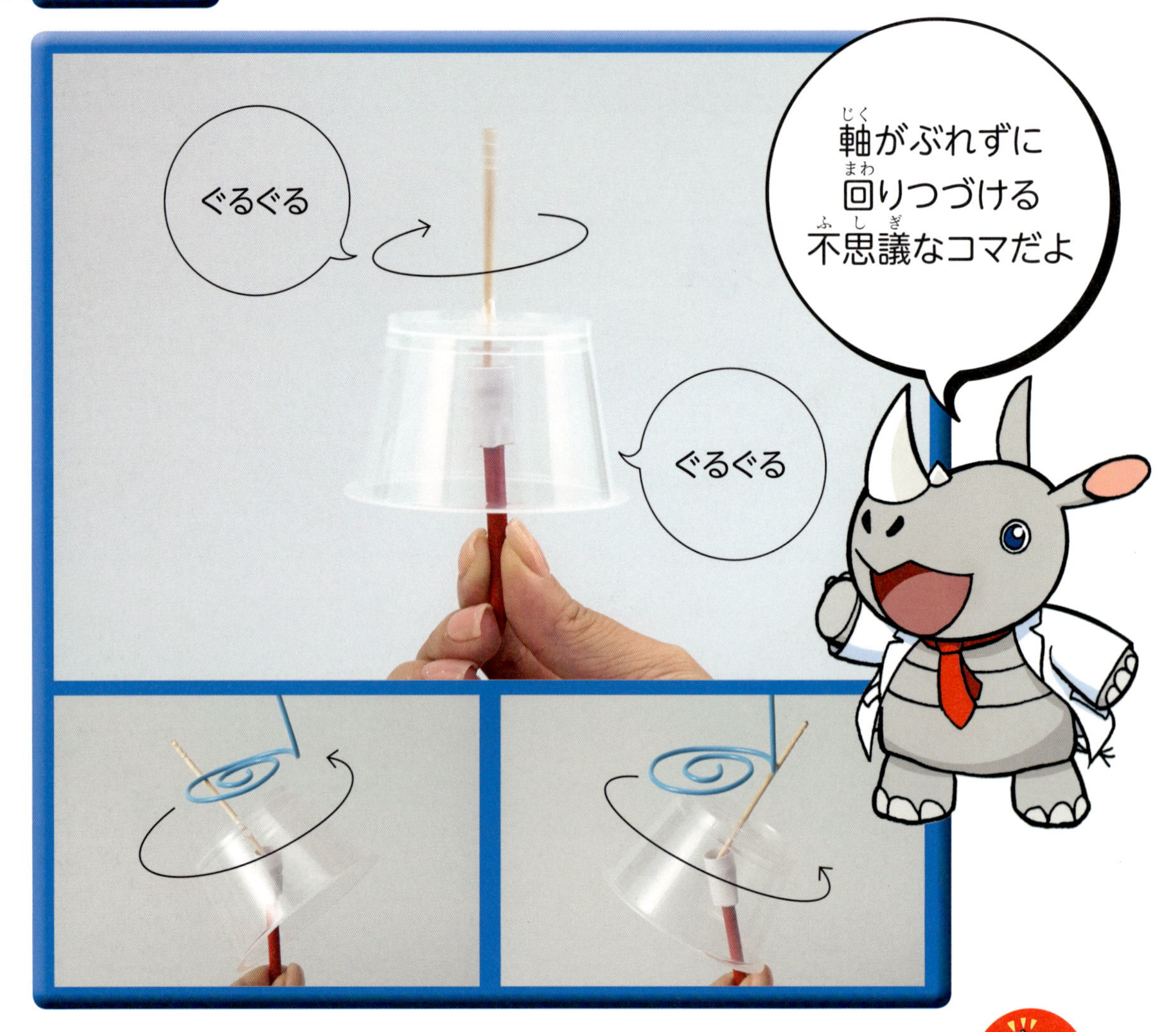

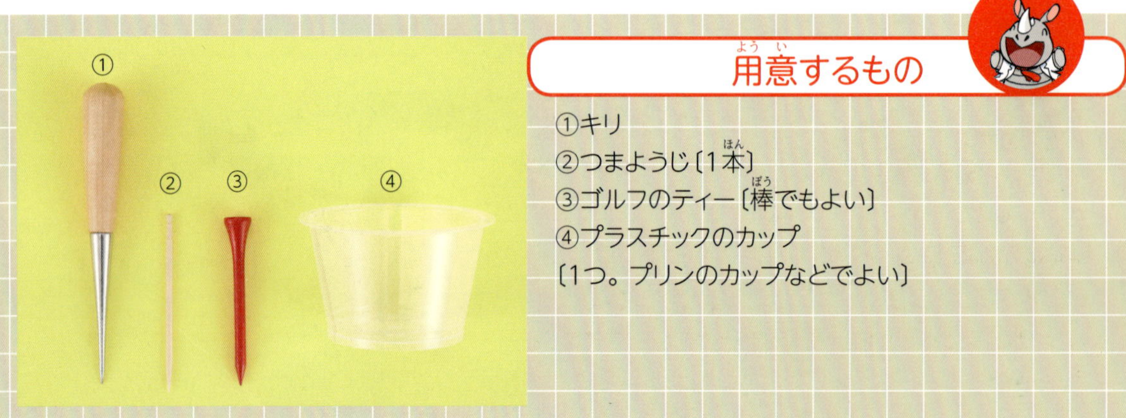

用意するもの

①キリ
②つまようじ〔1本〕
③ゴルフのティー〔棒でもよい〕
④プラスチックのカップ
〔1つ。プリンのカップなどでよい〕

作ってみよう

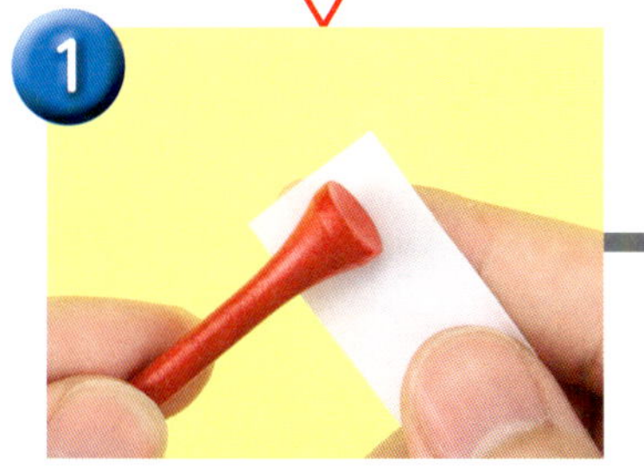

1 ビニールテープを、ゴルフのティーの先から2㎜くらいはみ出すようにはる。

2 はったところ。

3 プラスチックのカップのまん中に、キリで穴をあける（つまようじが止まる大きさの穴）。

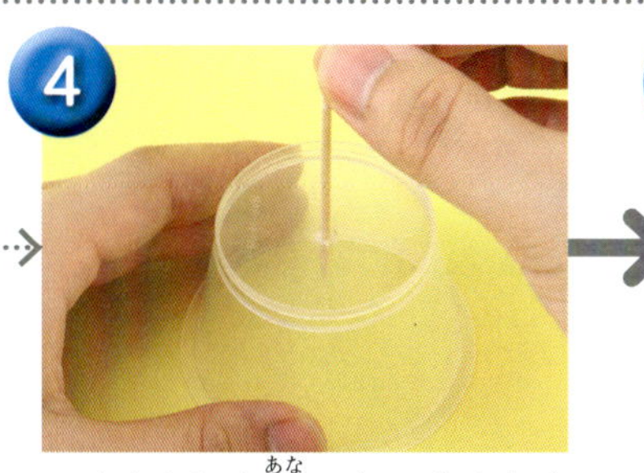

4 つまようじを穴にまっすぐさす。

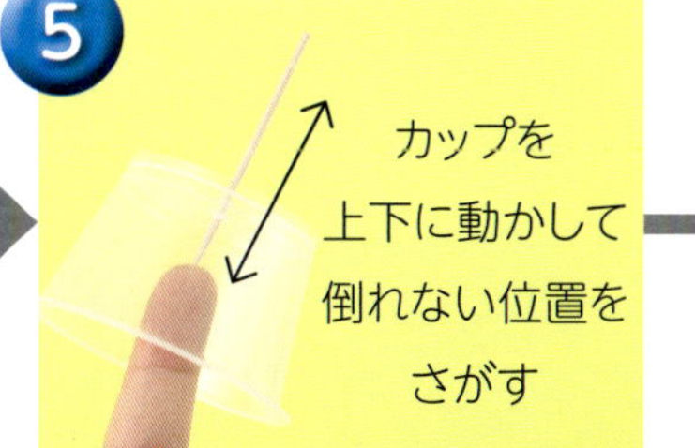

5 指先につまようじの先をあてて、倒れないようにカップの位置を調節する。

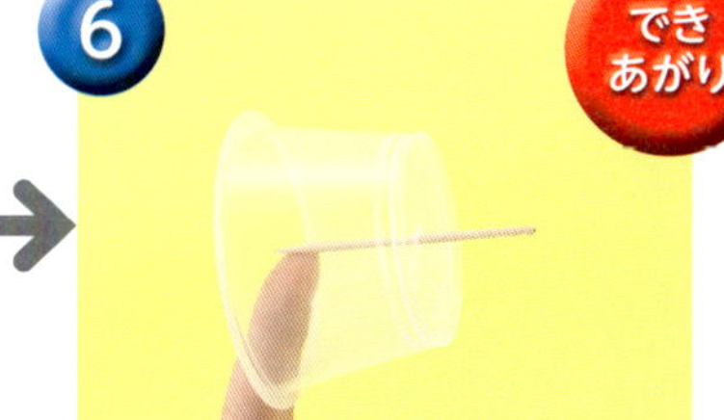

6 水平にしても倒れないようなら、できあがり。

遊んでみよう

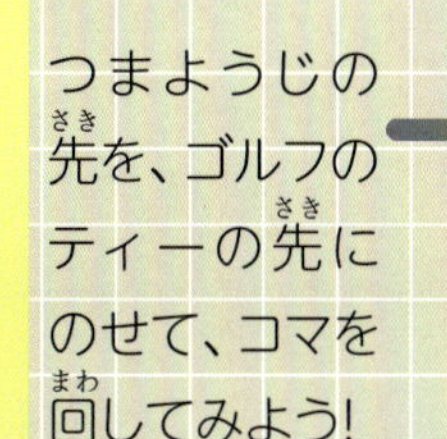

つまようじの先を、ゴルフのティーの先にのせて、コマを回してみよう！

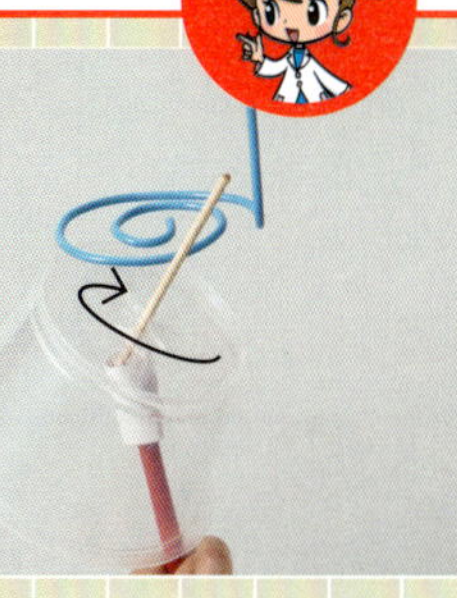

針金などを使って、コマの軸を斜めに倒します。それでも回りつづける、不思議なコマだよ。

サイエンス なぜコマの軸がぶれずに回ることができるの？

普通のコマはしだいに回転が弱まり、軸がぶれて回るようになります。それは「重心」という、ものの重さの中心の位置と、軸先の位置が異なるためです。マクスウェルのコマは、重心と軸先の位置が同じです。軸が重力の影響を受けないので、傾かずに回ることができるのです。

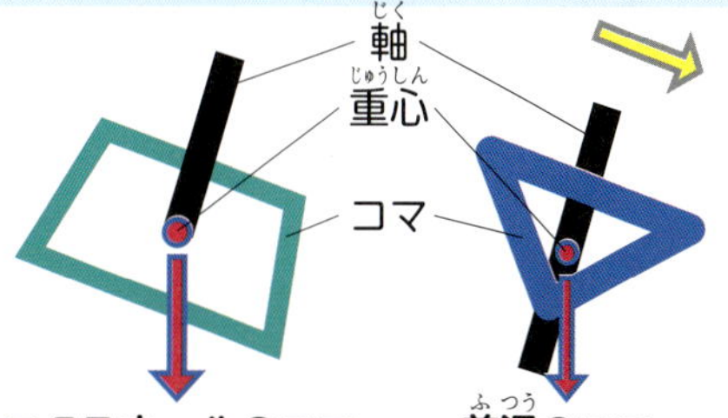

工作時間 60分 | 難しさ ★★★ | 予算 400円

Workshop 11

床をすべるUFO !?

ホバークラフト

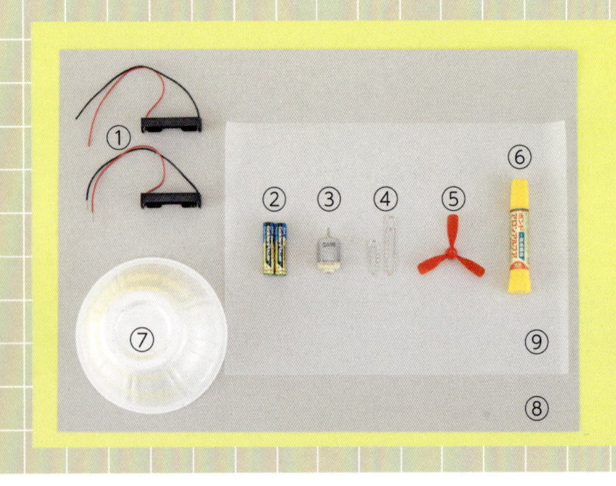

用意するもの

①電池ボックス〔単4用2つ〕
②単4電池〔2本〕
③工作用モーター〔1つ〕
④クリップ〔大小1つずつ〕
⑤プロペラ〔1つ〕
⑥接着剤〔スチロール用のものがよい〕
⑦おわん〔直径13㎝程度のスチロール製を1つ〕
⑧工作用紙〔1枚〕
⑨トレーシングペーパー

作ってみよう

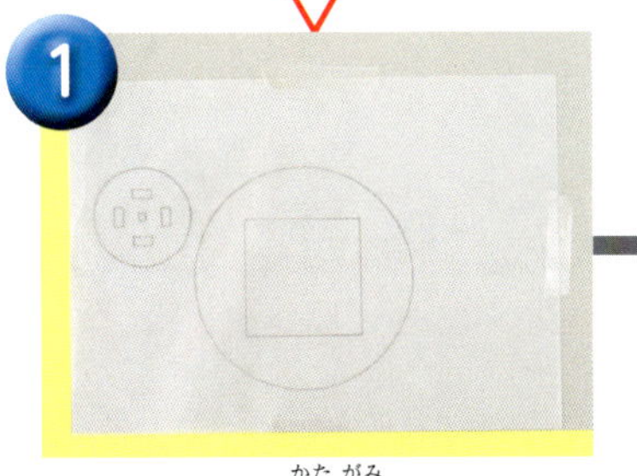

1 76ページの型紙をトレーシングペーパーに写して、工作用紙にはる。

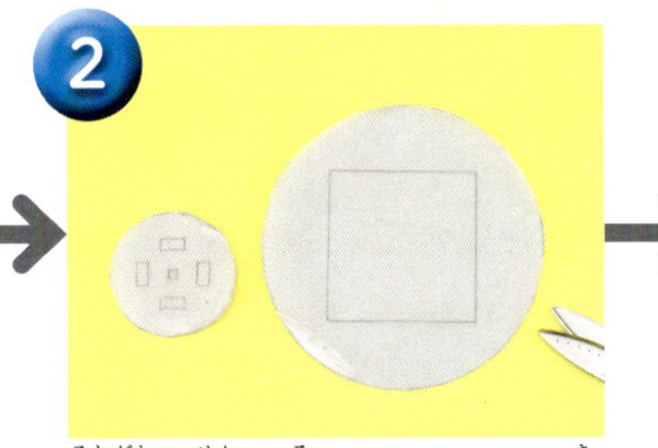

2 外側を線に沿ってハサミで切る。トレーシングペーパーはセロハンテープではりなおす。

3 切りとった中の線に沿って、カッターで切る。

4 切ったところ。

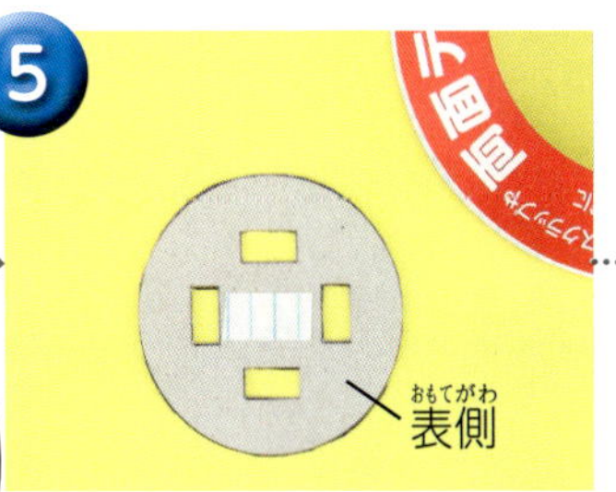

5 ふたのまん中の穴に、両面テープをはり、こちらを表側にする。はくり紙をはがす。

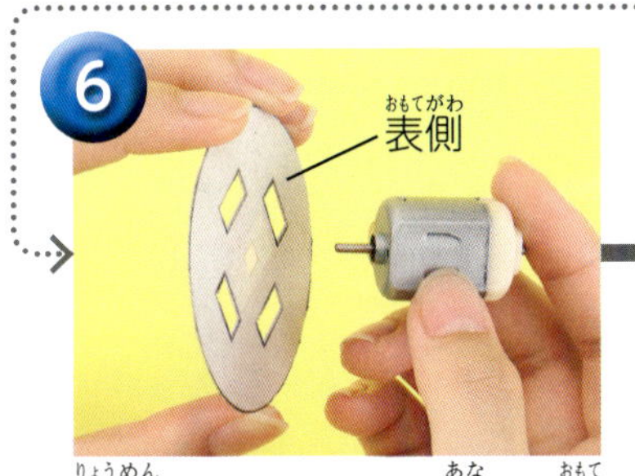

6 両面テープをはった穴に、表側からモーターの軸を奥までさし込み、はりつける。

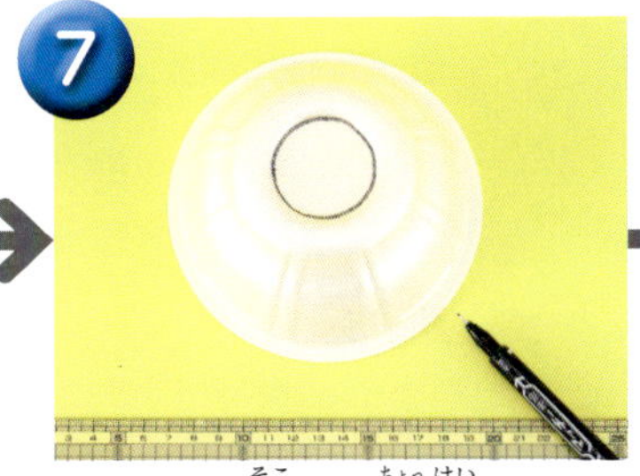

7 おわんの底に、直径3、4㎝程度で丸く線を引く。

8 線の部分をカッターで切りとる。

9 モーターをさしたふたの裏側を、接着剤で、おわんの底にはる。

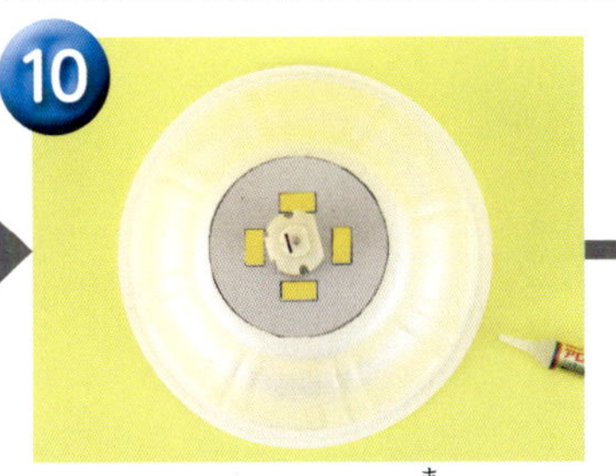

10 はったところ。すき間がないようにしっかりはる。

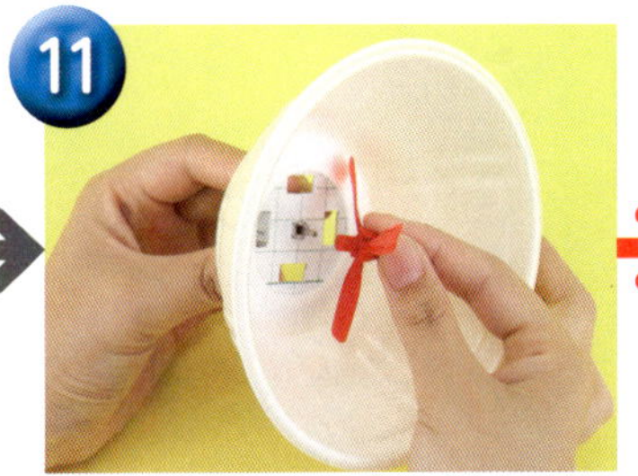

11 ふたの裏側から出ているモーターの軸に、プロペラをとりつける。

次のページへつづく

12

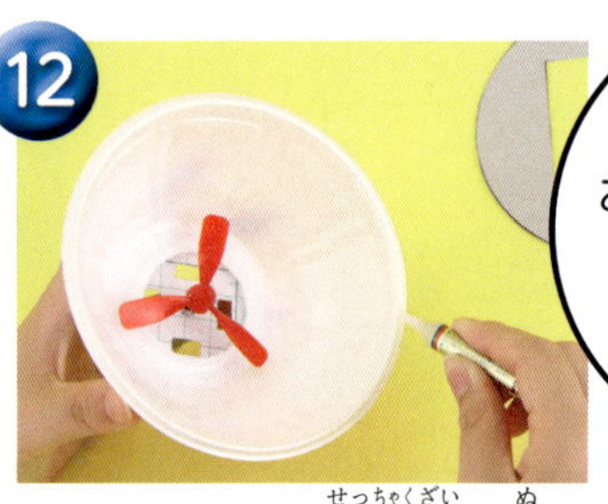

おわんのふちに接着剤を塗り、スカートをはる。

机にスカートをおいて、その上におわんを重ねてはるといいよ!

13

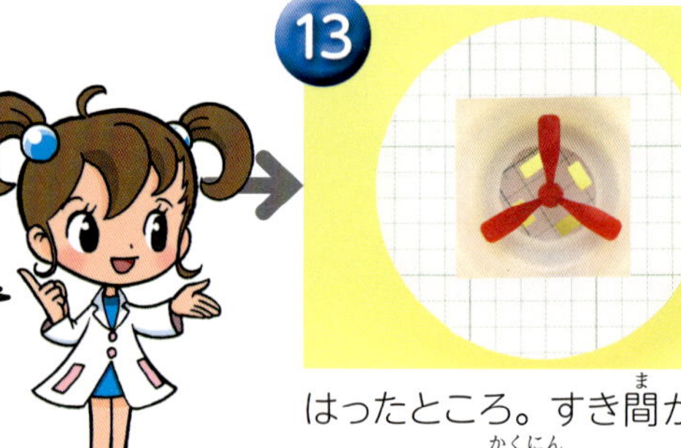

はったところ。すき間があいていないか確認する。

14

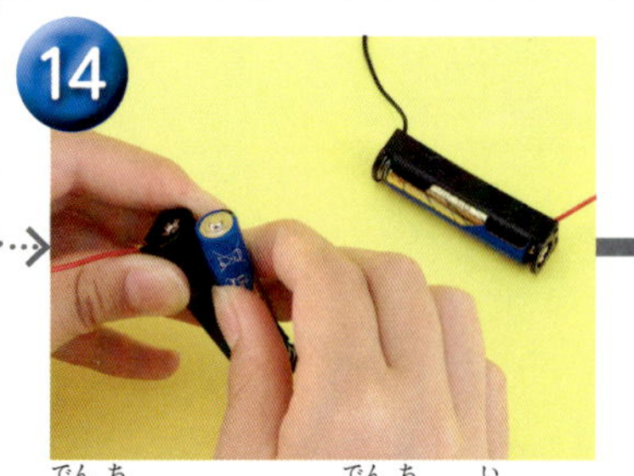

電池ボックスに電池を入れる。電池を入れる向きに注意。

15

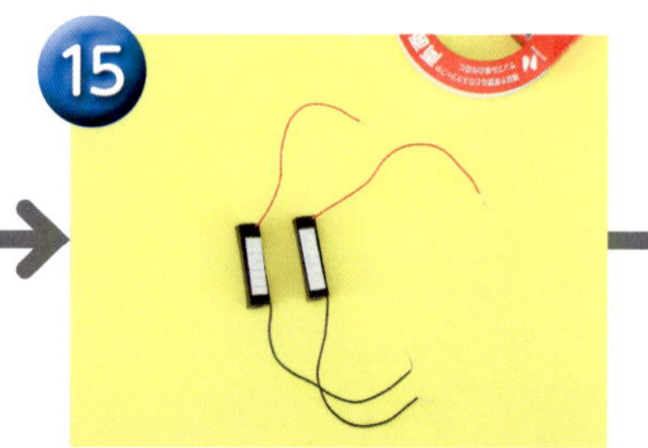

電池ボックスをもう1つ用意して、裏側に両面テープをはる。

16

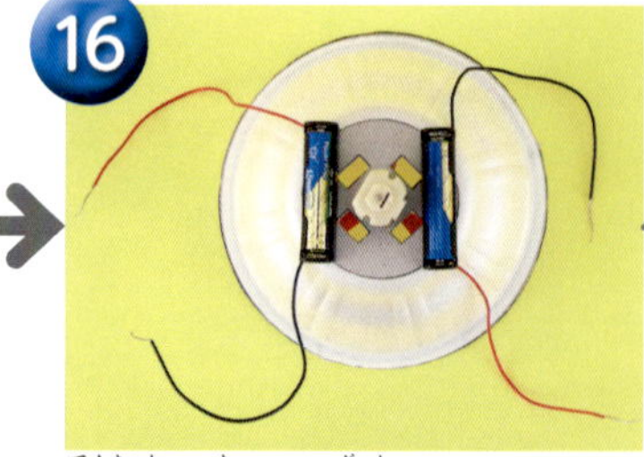

電極の向きが逆になるように、電池ボックスをふたにはる。

17

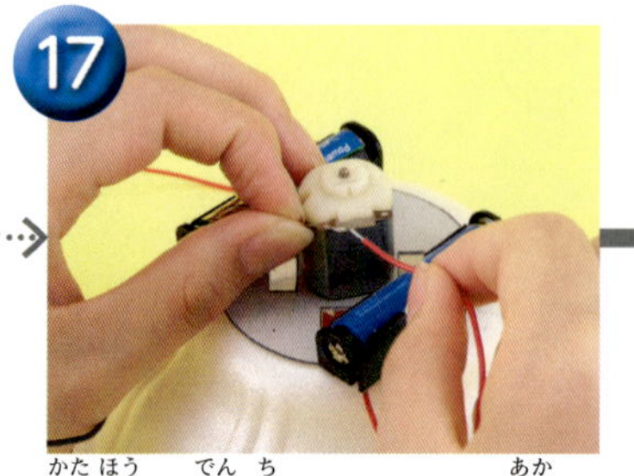

片方の電池ボックスの赤い導線を、モーターにさしてつなぐ。

18

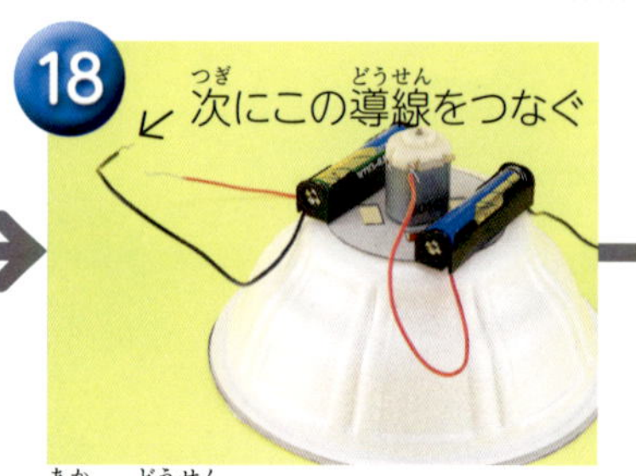

赤い導線をつないだところ。

19

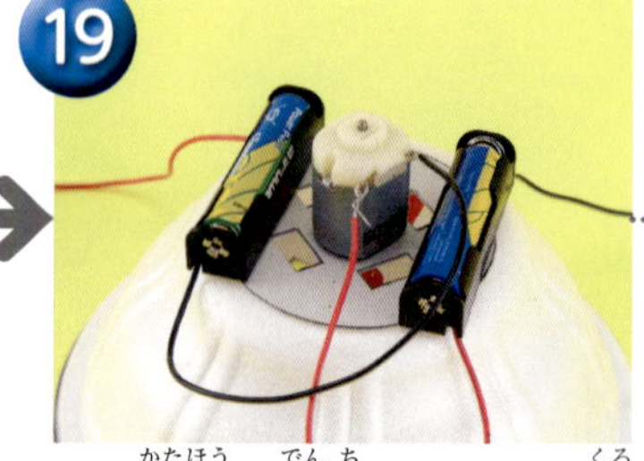

もう片方の電池ボックスの黒い導線を、モーターにさしてつなぐ。

20

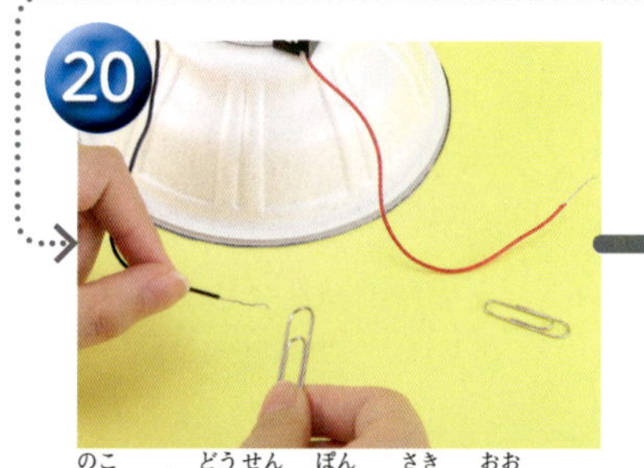

残った導線1本の先を大きいクリップに巻いてつなぐ。もう1本を小さいクリップにつなぐ。

21

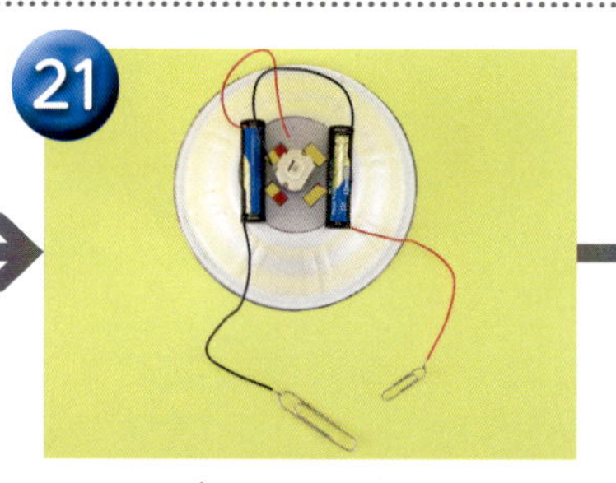

つないだところ。

22

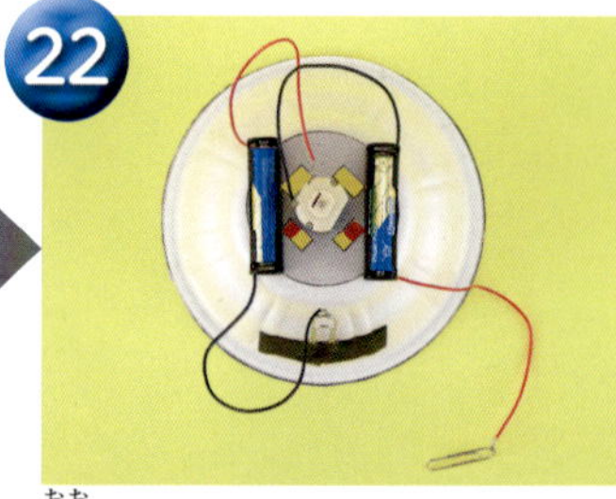

大きいクリップを、ビニールテープでおわんにはる。

23

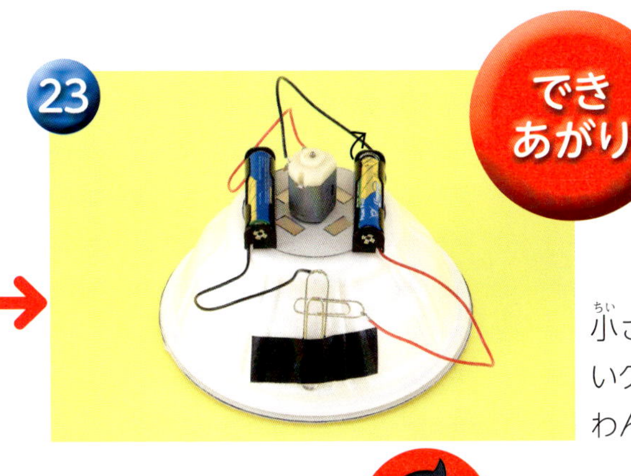

できあがり

小さいクリップを、大きいクリップにはさむと、おわんが浮き上がるよ。

遊んでみよう

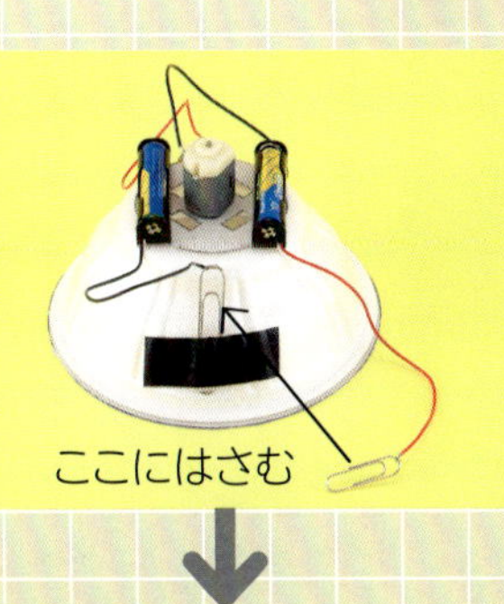

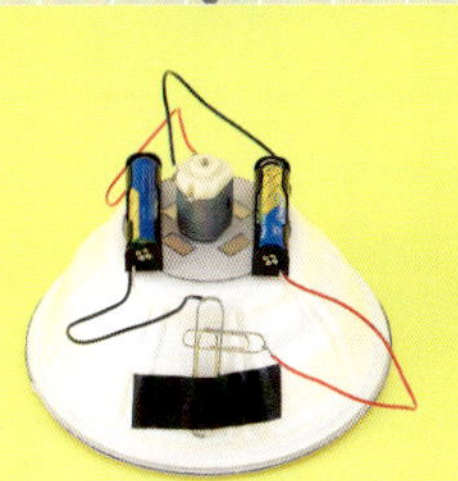

小さいクリップを、大きいクリップにはさむと、おわんが浮き上がります。指で軽く押すと、スーッと動きだすよ!

ホバークラフトが進む理由

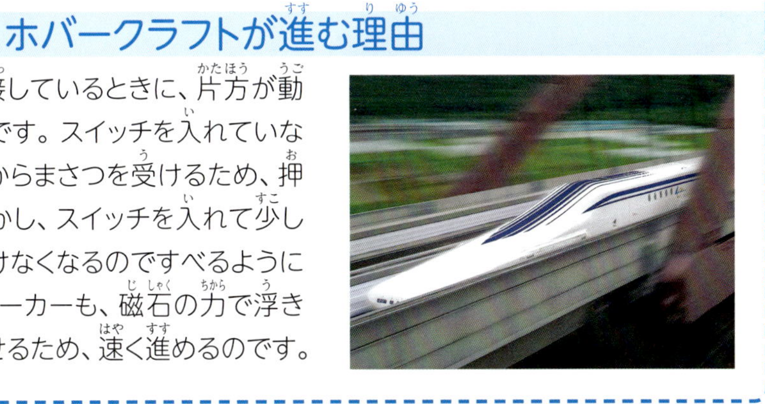

まさつとは、2つのものが接しているときに、片方が動こうとするのを止める働きです。スイッチを入れていないホバークラフトは、地面からまさつを受けるため、押してもすぐ止まります。しかし、スイッチを入れて少し浮き上がると、まさつを受けなくなるのですべるように進むのです。リニアモーターカーも、磁石の力で浮き上がることでまさつをなくせるため、速く進めるのです。

工作時間	難しさ	予算	学べる内容
90分	★★★	400円	作用反作用

Workshop 12

一気に走りだす! ホバーバイク

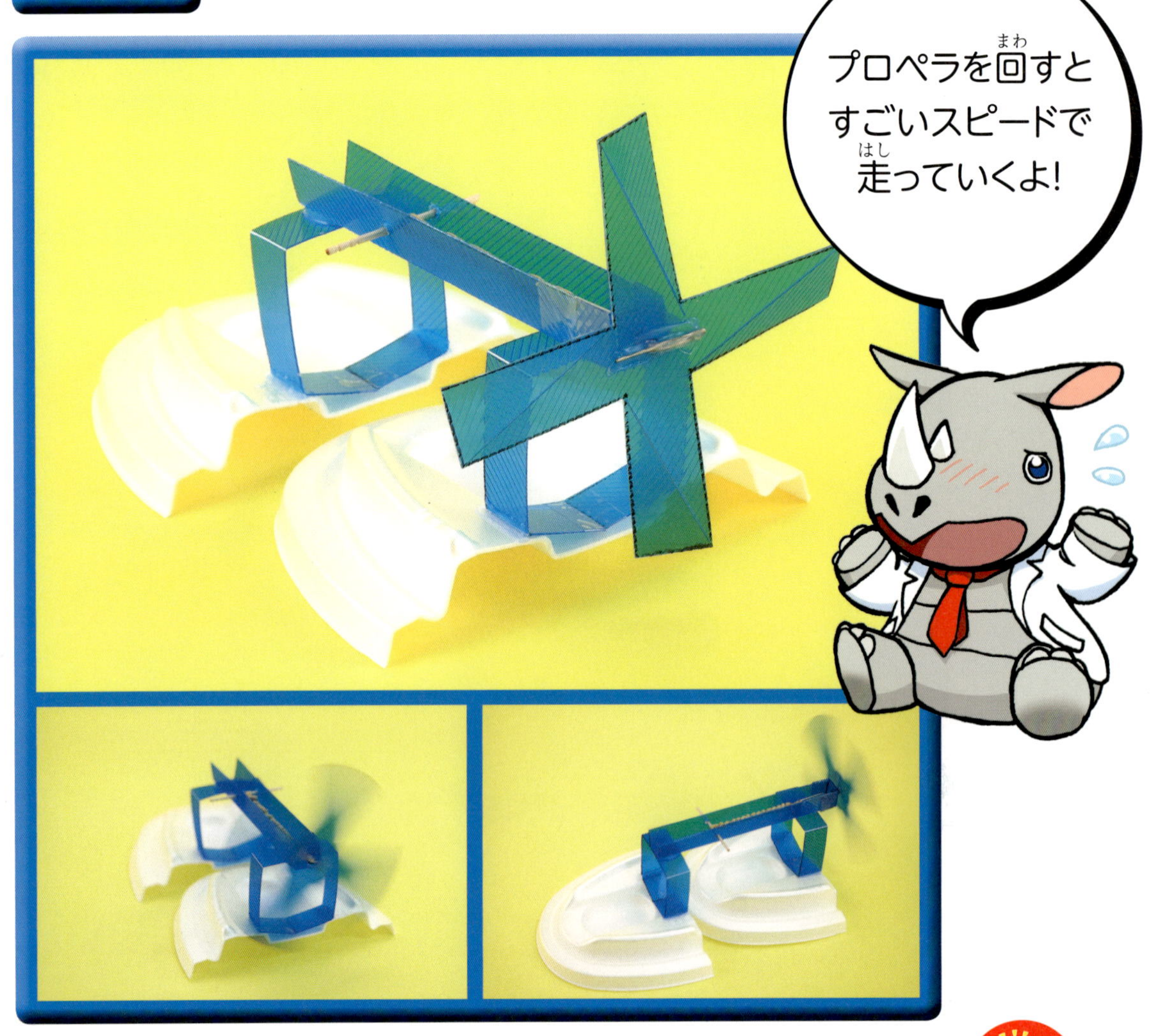

用意するもの

①プラスチック板〔B4サイズ程度、透明で両面がつるつるしたものを1枚〕
②お皿〔スチロール製、23㎝くらいのだ円形のカレー皿などを1枚〕
③グルーガン
④グルーガンの芯
⑤輪ゴム〔3~5本〕
⑥つまようじ〔1本〕
⑦アイロンビーズ〔1つ〕
⑧クリップ〔1つ〕
⑨キリ

作ってみよう

1

78ページの型紙をプラスチック板に写し、点線に沿ってカッターで浅く切れ目を入れる。

2

プロペラとシャトルの点に、キリで穴をあける。

3

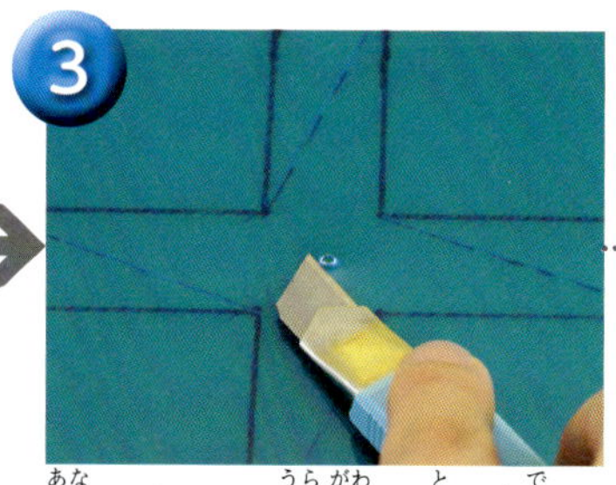

穴をあけた裏側に飛び出た部分をカッターできれいに切りとる。

4

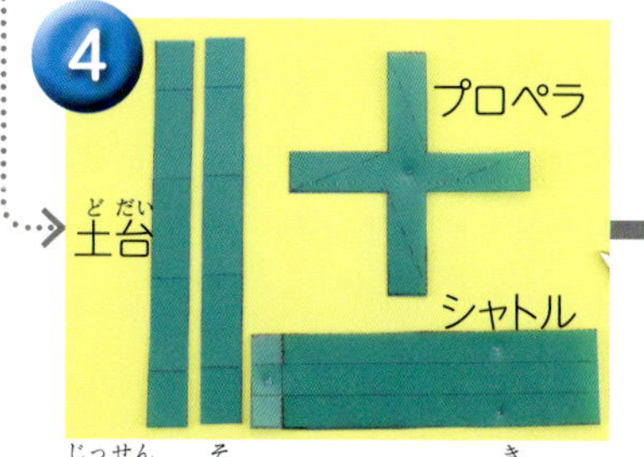

実線に沿ってハサミで切りとる。

5

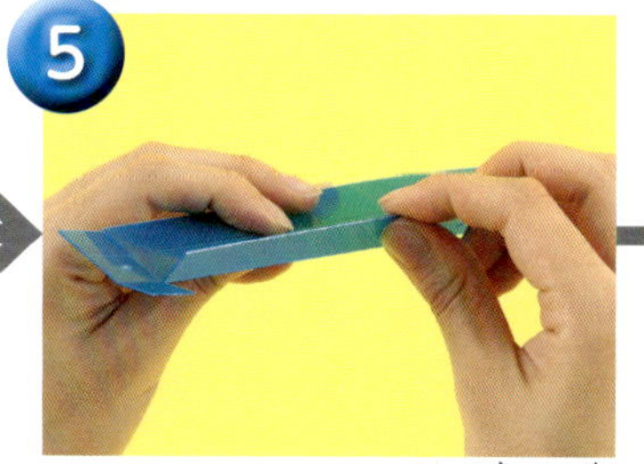

シャトルを、カッターの切れ目で折る。

6

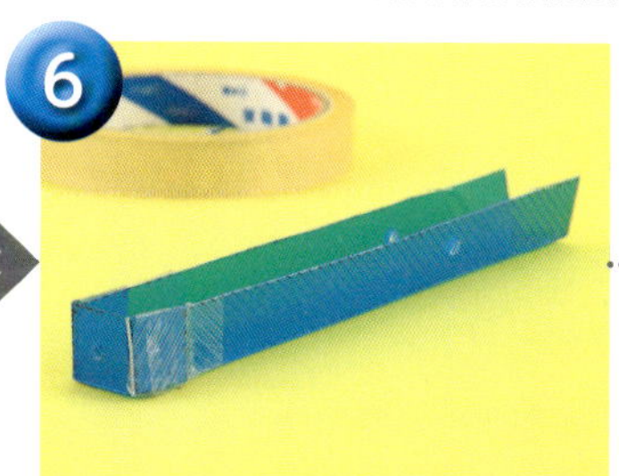

折り上げた一方の端を合わせ、合わせ目にセロハンテープをはる。

7

プロペラを、カッターの切れ目で開くように折る。

8

クリップを曲げていく。まずクリップの外側を伸ばす。

9

伸ばした部分を外側に曲げる。

10

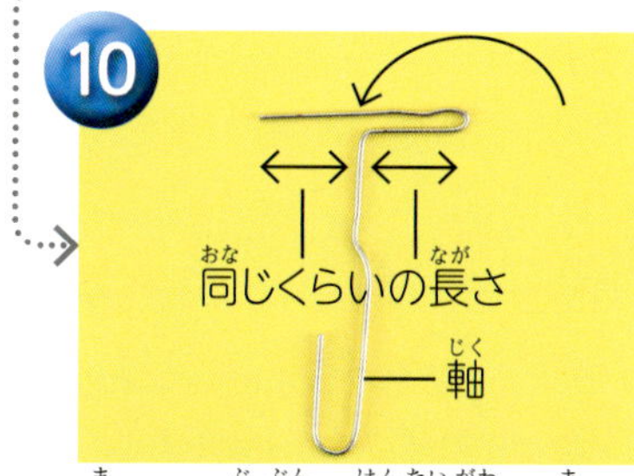

曲げた部分を反対側に曲げる。曲げたほうが先、下側が軸となる。

11

プロペラの折り山を手前にし、クリップの軸側から②であけた穴に通す。

12

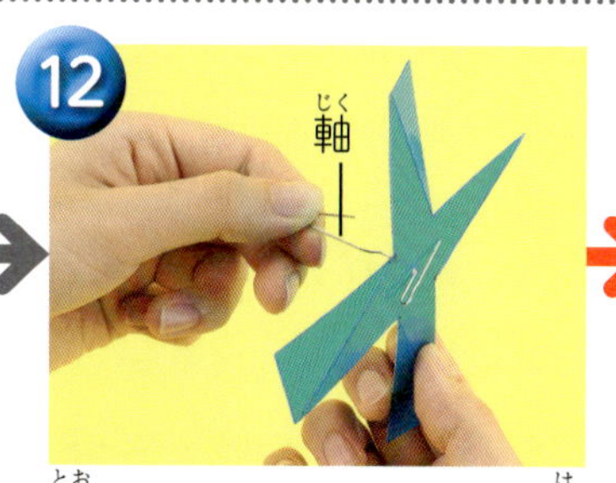

通したところ。プロペラの羽根が軸側に曲げられているのを確認する。

次のページへつづく

13

クリップをプロペラに、グルーガンでとめる。大人の人に手伝ってもらおう。

14

アイロンビーズをクリップに通す。

15

クリップを②であけたシャトルの穴に通す。

16

通したところ。

17

クリップの軸に輪ゴムをかけ、クリップの端をとじる。

18

つまようじの先を切り、輪ゴムをかけて、そのままシャトルの穴に通す。

19

通したところ。プロペラのあるほうが前側になる。

20

土台をカッターの切れ目で折る。もう1つも同じように折る。

21

土台の端を、それぞれセロハンテープではる。

22

スチロールのお皿を半分に切る。

23

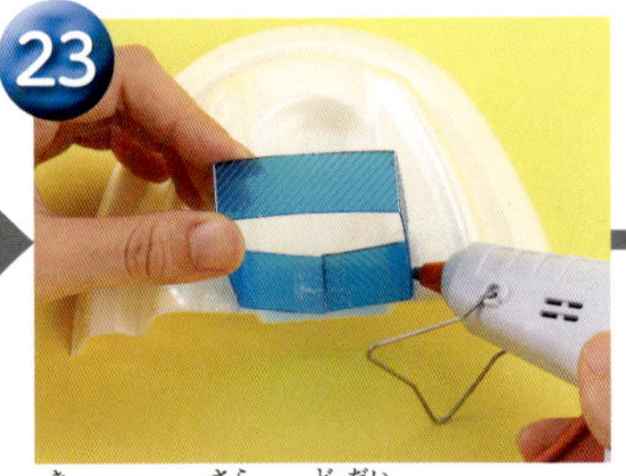

切ったお皿に土台をグルーガンでとめる。もう一方も同じようにとめる。

24

2つとも、とめたところ。丸いほうが後ろ側になる。

25

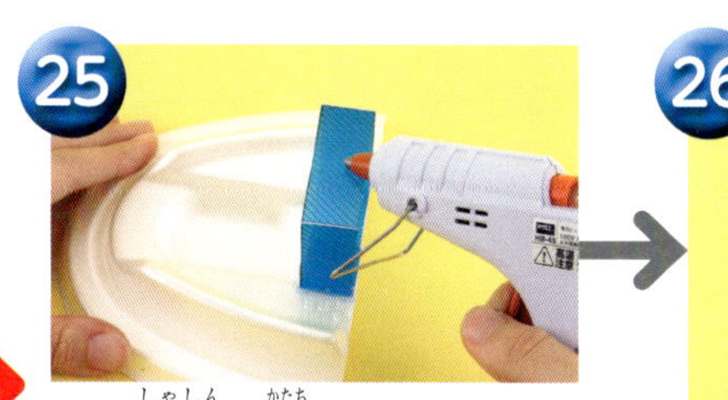

㉖の写真の形になるよう、⑲のシャトルを土台に、グルーガンでとめる。

26

できあがり

プロペラが土台とぶつかっていないか、土台どうしが重なっていないか、土台が浮き上がっていないか、確認する。

遊んでみよう

プロペラを、前から見て時計回りに回して、ゴムを巻いていこう。50回くらい回したら、水平な場所にホバーバイクをおいて、手を離してみよう。
すべるようにスイスイ進んでいくよ!

うまく動かない場合は、次のことをチェックしよう。

- ●クリップが回転軸からぶれていないか。
- ●土台が浮いていないか。シャトルがゆがんでいたらまっすぐにする。
- ●後ろ側の土台が浮いていたら、後ろ側の土台の裏にクリップをテープでとめて調整する。
- ●回転力が弱くないか。弱い場合は輪ゴムを増やす。

※注意! 回転しているプロペラに指を入れないように!

どうしてこんなに速く進むの?

物に力を加えると、加えた方向に対して反対の方向から同じ大きさの力を受けます。これを「作用反作用の法則」といいます。ホバーバイクは、プロペラが回転して空気に後ろ向きの力を加えると、空気が同じ大きさで反対向きの力をプロペラに加えます。
それによってホバーバイクが空気に押されて前に進むのです。

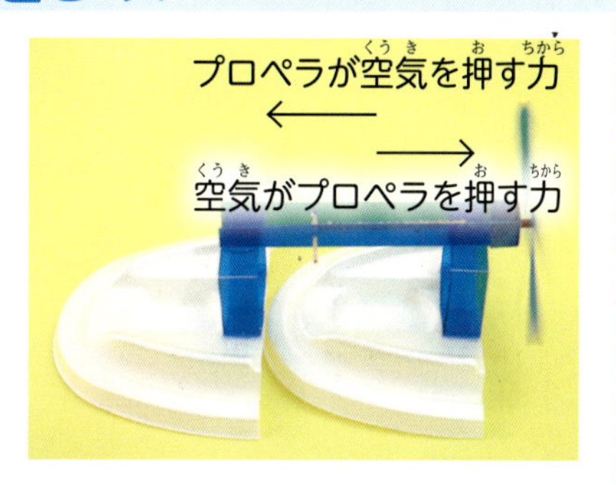

工作時間	難しさ	予算	学べる内容
90分	★★★	250円	力の伝達

Workshop 13

風に向かって進む!

ウインドカー

用意するもの

①ストロー〔1本〕
②竹串〔1本〕
③細い竹串〔「エビ串」など2本〕
④虫ゴム〔1㎝程度を1つ〕
⑤プーリー〔3つ〕
⑥小さな輪ゴム〔4つ〕
⑦手ぬい糸〔50㎝〕
⑧プラスチック段ボール〔25㎝角程度〕
⑨グルーガン
⑩グルーガンの芯
⑪段ボール〔15㎝角程度〕
⑫ケント紙〔B5サイズを1枚〕
⑬トレーシングペーパー
⑭キリ

作ってみよう

1

裏表紙の裏の型紙をトレーシングペーパーに写してケント紙にはり、線に沿って切る。

2

風車のまん中と角の黒い点に、キリで穴をあける。

3

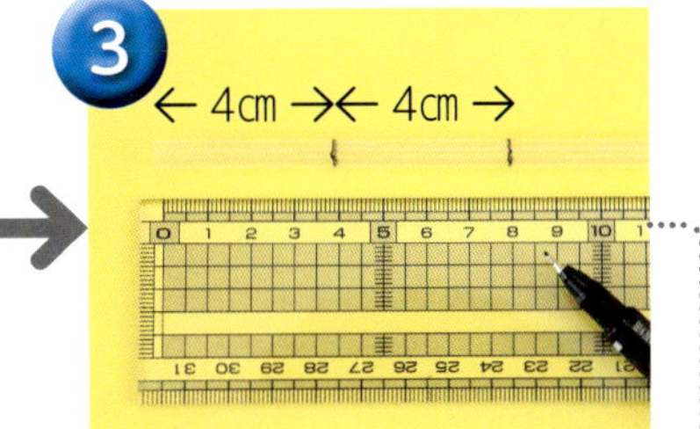

ストローの端から4cm内側と、さらに4cm内側に印をつける。

4

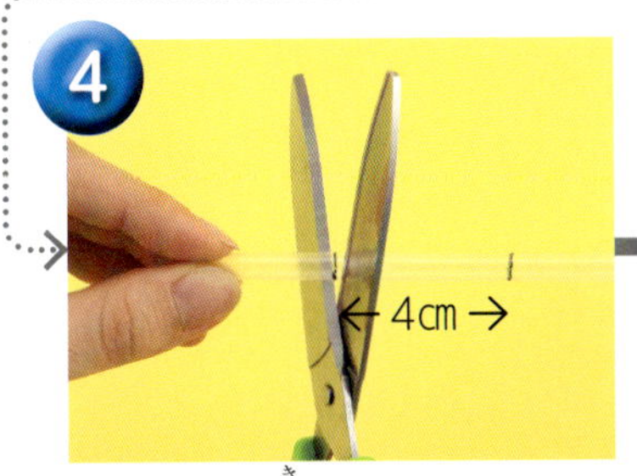

ストローを切って、4cmのストローを2本作る。

5

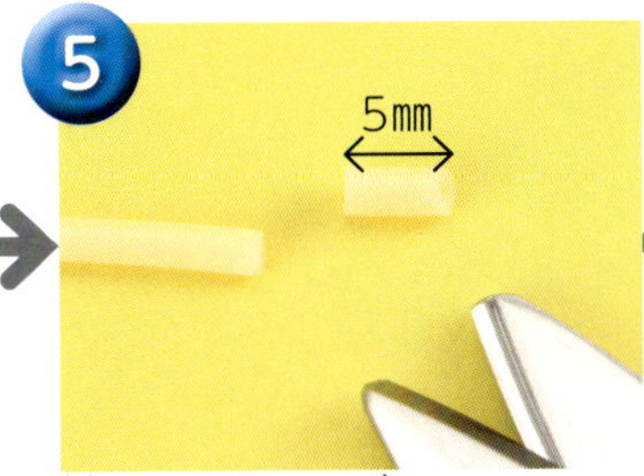

虫ゴムを5mmに切る。

6

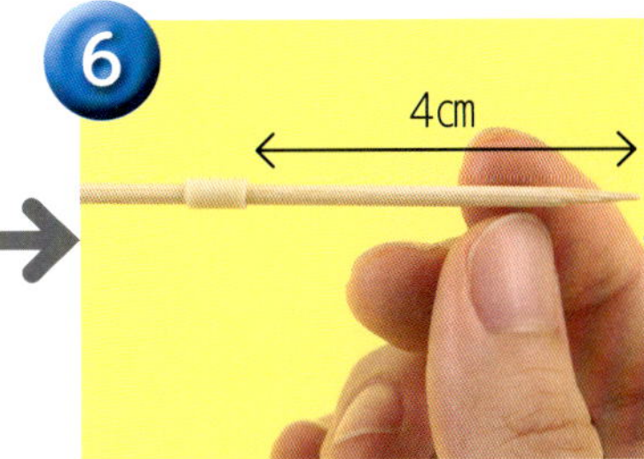

切った虫ゴムを、太めの竹串の先から4cmくらいのところまで通す。

7

切った風車の型紙の、まん中の穴に⑥の竹串を通す。

8

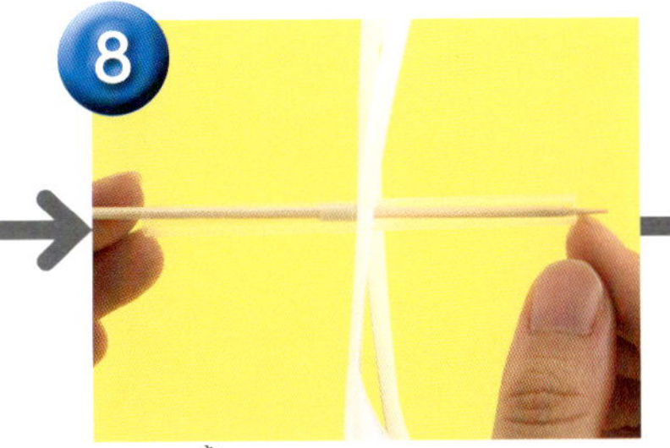

④で切ったストローを1つ、竹串の先に通す。

9

風車の型紙の角の穴を、竹串の先に通す。

10

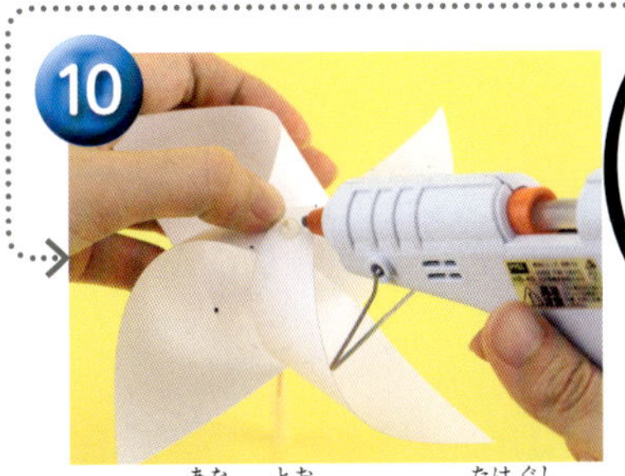

4つの穴を通したら、竹串の先をグルーガンでとめる。

11

とめたところ。これで風車のできあがり。

次のページへつづく

⑫ 本体の型紙を写してプラスチック段ボールにはり、カッターで切る。

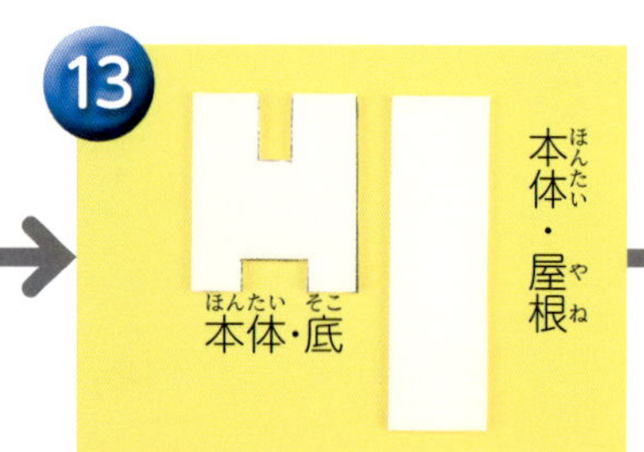

⑬ 切ったところ。

⑭ 本体・屋根のプラスチック段ボールの、両端から9cm内側に線を引く。

⑮ 線にカッターで浅く切れ目を入れる。切りとらないように注意。こちらが表側になる。

⑯ 段ボールを片面だけぬらす。

⑰ 段ボールの片側の紙だけをゆっくりはがし、半段ボールにする。

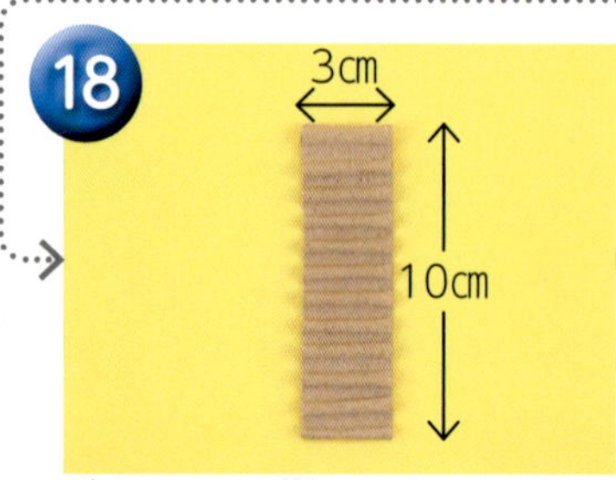

⑱ 乾いたら、段のあるほうを3×10cmに切る。

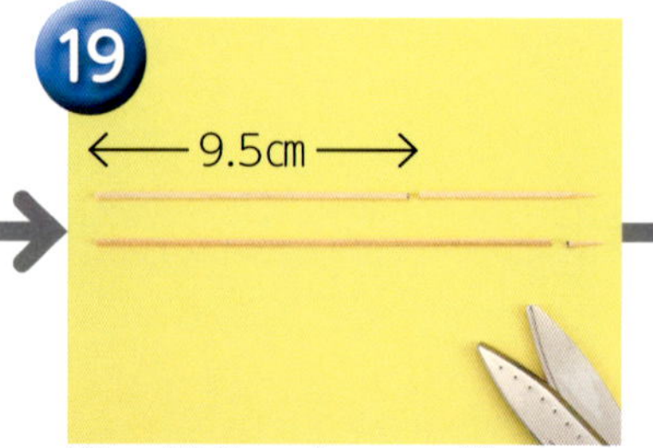

⑲ 細い竹串を切る。1本は9.5cm。もう1本は先のとがった部分だけを切る。

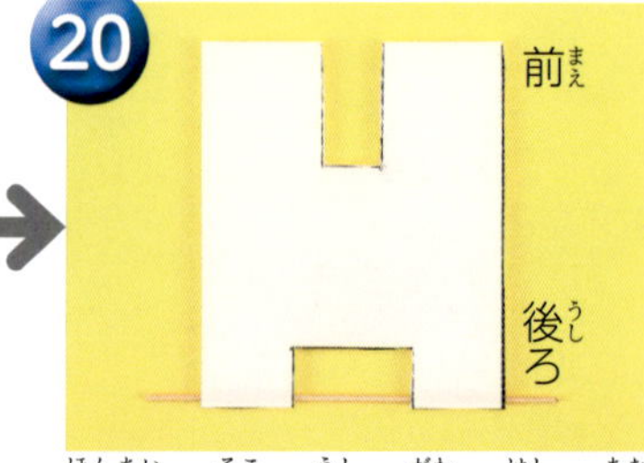

⑳ 本体・底の後ろ側の端の穴に、端を切った竹串を通す。

㉑ まん中の部分に⑱の段ボールをビニールテープではり、竹串に巻きつける。

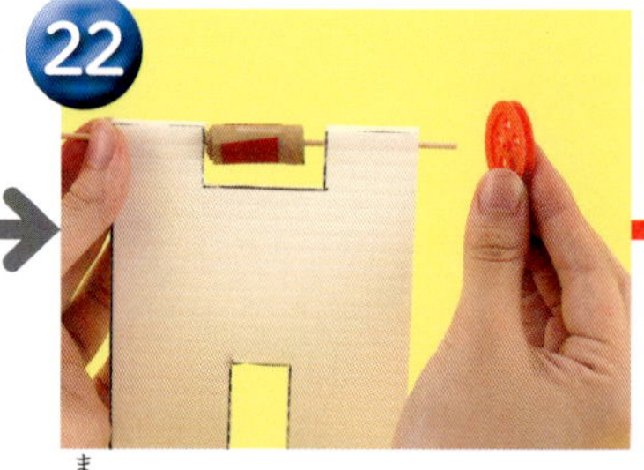

㉒ 巻きつけたらビニールテープでとめて、両端にプーリーを通す。後輪となる。

23

前側に、まん中でプーリーを通しながら、9.5㎝の竹串を通す。前輪となる。

24
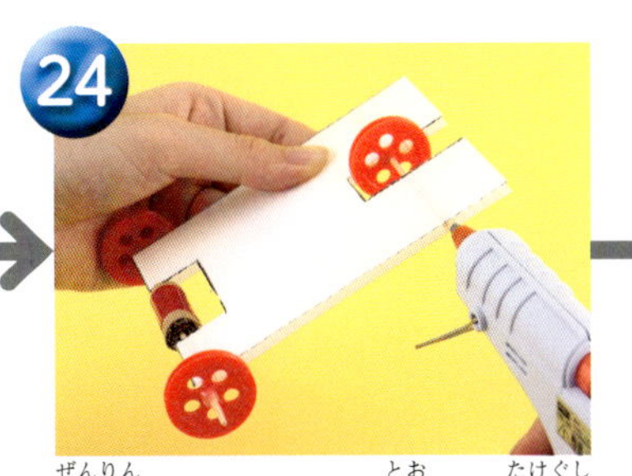

前輪のプーリーを通した竹串を、グルーガンで土台にとめる。

25
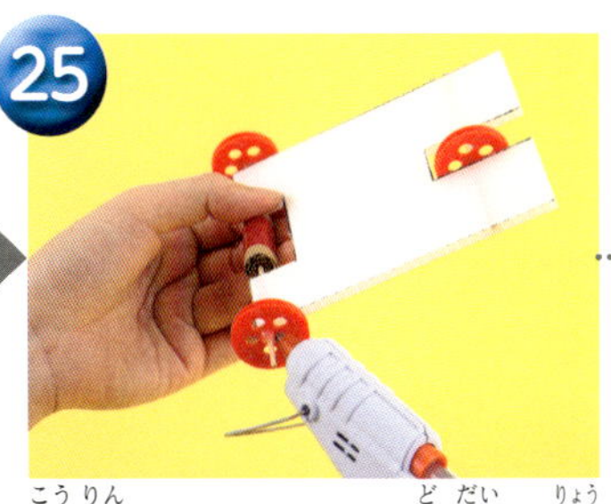

後輪のプーリーを土台の両端から5㎜くらい離してグルーガンでとめる。

26

後輪からはみ出ている竹串を切る。

27

後輪のプーリーに輪ゴムを2つかける。もう片方も同じようにかける。

28
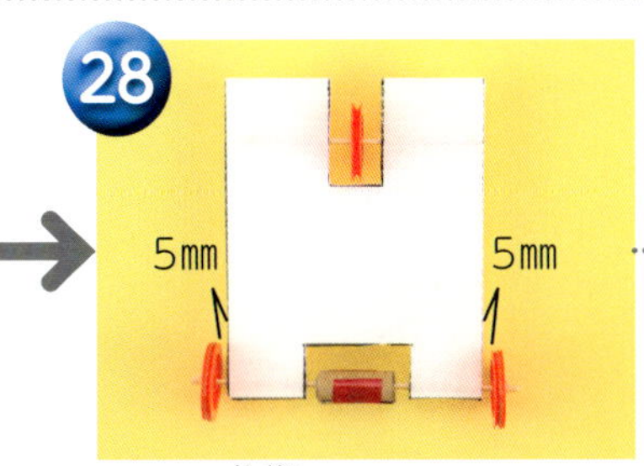

これで土台のできあがり。

29

本体・屋根の表側の端を、土台の中央にビニールテープではる。

30

もう一方も同じようにはる。これで本体のできあがり。

31

風車の竹串にストローを通し、本体上のまん中に前側から通す。

32

風車と屋根の間にストローが来るようにする。

33
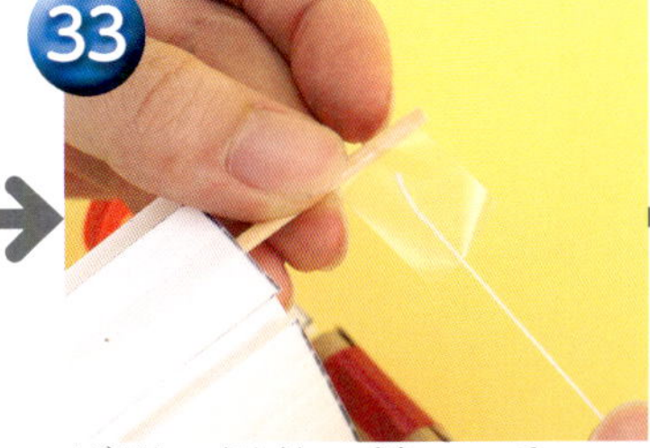

風車の竹串の先に、手ぬい糸をセロハンテープではる。

34
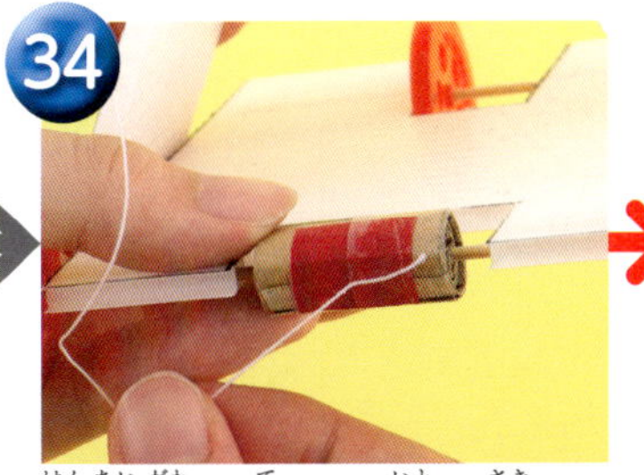

反対側の手ぬい糸の先を、後輪の段ボールの中央の位置にセロハンテープではる。

次のページへつづく

35

手ぬい糸をはり終えたら、ウインドカーのできあがり!

遊んでみよう

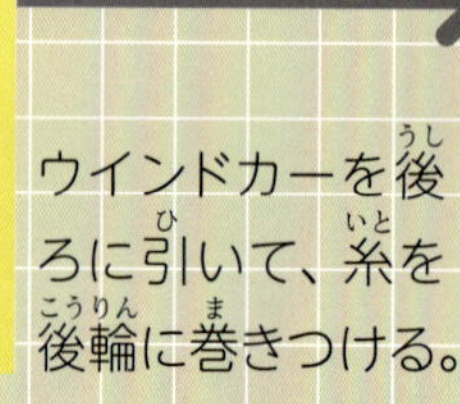

ウインドカーを後ろに引いて、糸を後輪に巻きつける。

巻きつけたところ。

ひもを巻きつけたウインドカーに、うちわや扇風機を使って風を当ててみよう! すると風に向かって、ウインドカーが進んでいくよ。息を吹きかけても進むから、試してみよう!

なぜ風の方向に進んでいくの?

うちわや扇風機の風を受けて風車が回転すると、その回転する力で風車の軸が後輪に巻かれた糸を巻きとるため、ウインドカーは前に進みます。風の力で動く乗り物には、ほかに帆船もあります。帆船は帆に集めた風が直接船を進めるためウインドカーとは仕組みが違い、風に向かって直進はできません。これができるのはウインドカーくらいでしょう。

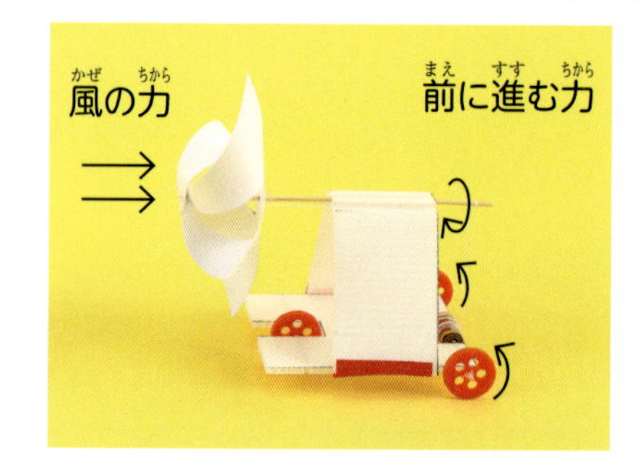

スゴイ！ 飛ばす工作

最後に登場するのは、飛ばして遊ぶ工作です。
空気や磁石の力を使って、飛び上がる姿に
夢中になってしまうでしょう。
何度もくり返し楽しんでください！

工作時間	難しさ	予算	学べる内容
10分	★★★	500円	磁石とエネルギー

Workshop 14

磁石の力で飛び出す!

ガウスロケット

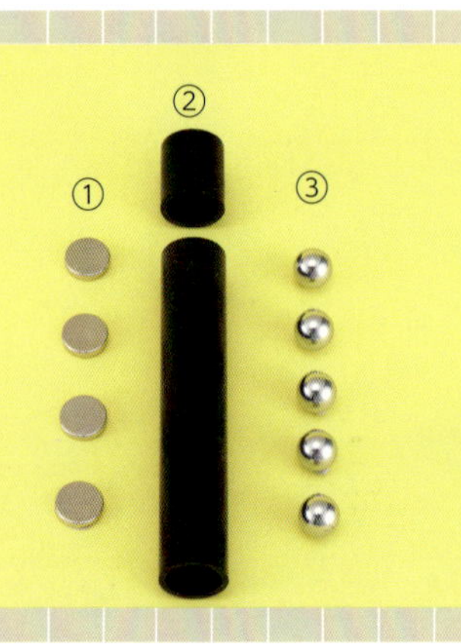

用意するもの

①ネオジム磁石〔直径1.3㎝を4つ〕
②パイプ〔直径1.5㎝程度、長さ12㎝以上〕
(長・10㎝、短・2㎝の長さに、大人の人に切ってもらう)
③鉄球〔直径1.2～1.4㎝を5つ〕

作ってみよう

1 磁石を4つ重ねる。指をはさまないように注意。

2 重ねた磁石を、セロハンテープで十字にはる。

3 磁石をパイプ・長の端に入れてセロハンテープではる。

4 パイプ・短を、パイプ・長の磁石をはった側に合わせる。

5 2つのパイプを、ビニールテープではり合わせる。

6 パイプ・長の中に、鉄球を4つ入れたら、できあがり。

遊んでみよう

パイプ・短を下にして、地面においた鉄球の上にポンとおきます。すると、中の磁石が鉄球を引き寄せて…、

パイプの上の口から、鉄球が飛び出すよ！
勢いよく飛ばしたいときは、磁石や中の鉄球の数を、増やしてみてね。

サイエンス

どうして鉄球が飛び出すの？

重ねた磁石に鉄球を近づけると、いちばん下の磁石に引きつけられ勢いよくぶつかります。この勢いが磁石と3つの鉄球の間を伝わり、いちばん上においた鉄球が飛び出すのです。

磁石が物を引きつける力は、磁石に近いほど強いため、磁石から遠い位置においた鉄球には弱い力しか働きません。そのため、鉄球のぶつかる力が磁石の引きつける力に勝ち、上の鉄球が勢いよく飛び出します。

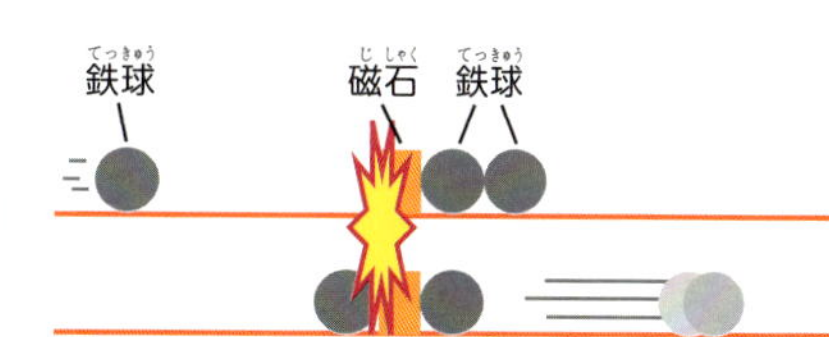

工作時間	難しさ	予算	学べる内容
45分	★★★	300円	揚力と重心

驚くほど飛ぶ!

サイテク式紙飛行機

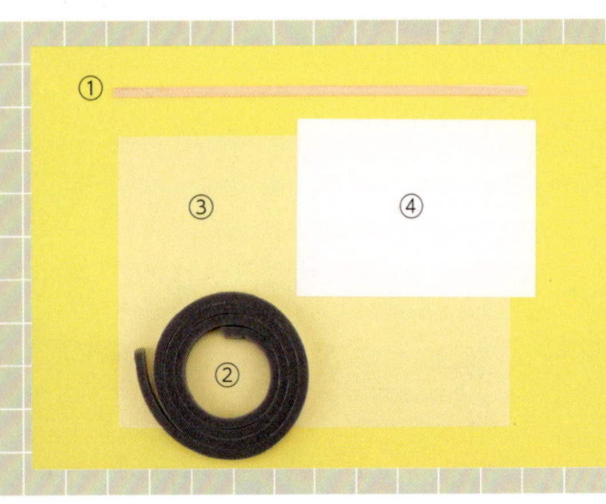

用意するもの

①ひのきの棒〔幅1㎝、厚さ0.2㎝、長さ20㎝以上〕
②戸あたりテープ
③トレーシングペーパー
④ケント紙〔A4サイズを1枚〕

作ってみよう

1

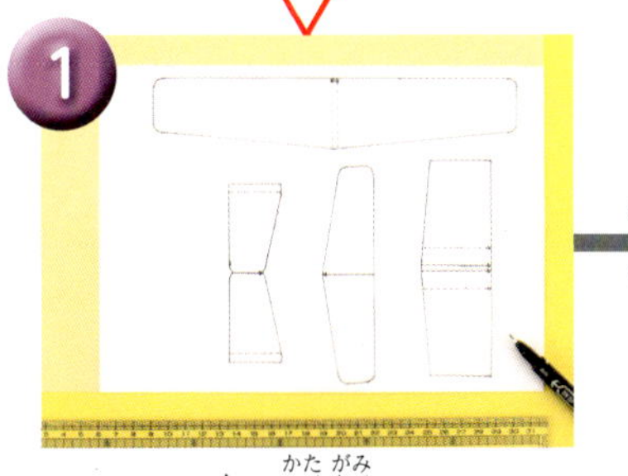

79ページの型紙をトレーシングペーパーに写す。点線と矢印も写しておく。

2

ケント紙にセロハンテープではり、いちばん外側の線に沿ってハサミで切る。

3

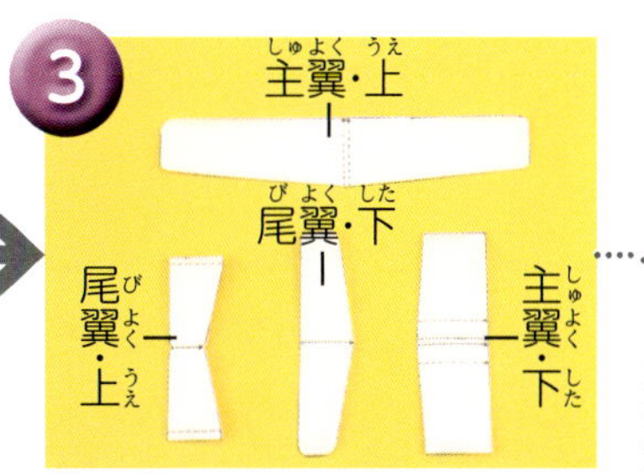

折り目がわかるよう、トレーシングペーパーとパーツをセロハンテープではっておく。

4

トレーシングペーパーの実線を山折りにし、点線を谷折りにする。トレーシングペーパーをはがし、書いてあった矢印を、向きを変えずにパーツに写す。

5

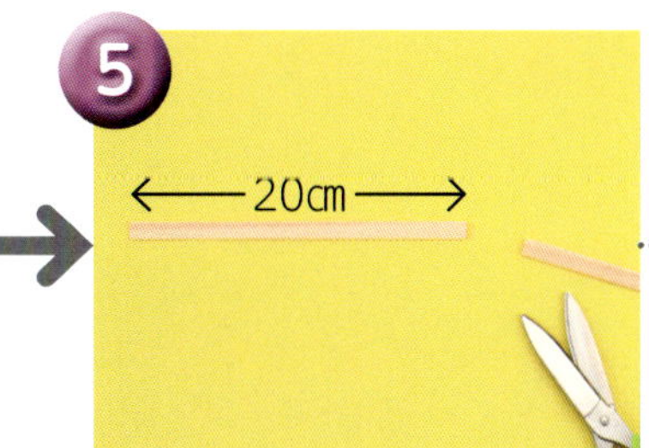

棒を20cmの長さにハサミで切る。

6

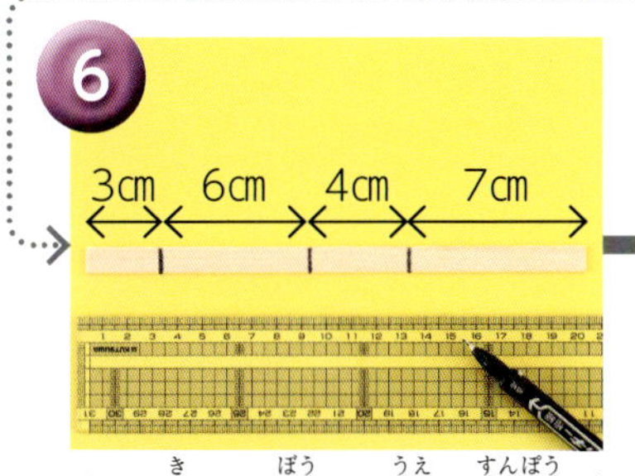

⑤で切った棒に、上の寸法どおりに線を引く。

7

3cmと4cmの部分の表と裏に、両面テープをはる。

8 ポイント

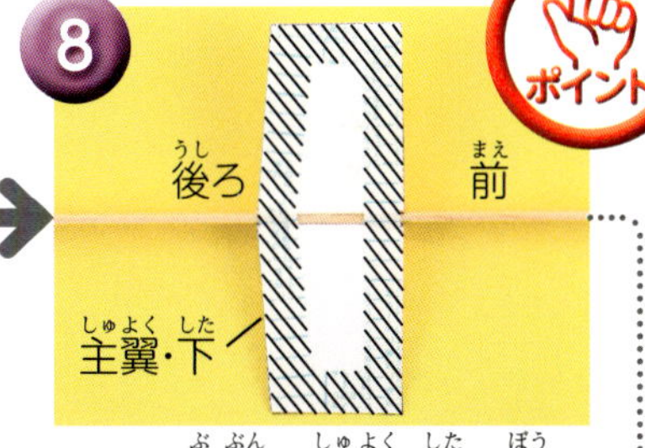

4cmの部分に主翼・下を棒をはさむようにはり、斜線部にすき間なく両面テープをはる。

9

⑧で両面テープをはった上から、主翼・上をすき間なく、ぴったりとはる。

10

3cmの部分に尾翼・上を棒をはさむようにはる。ここでも矢印の先が前を向くように注意。

次のページへつづく

11

尾翼・上をはる位置は、次にはる尾翼・下用ののりしろを残しておく。

12

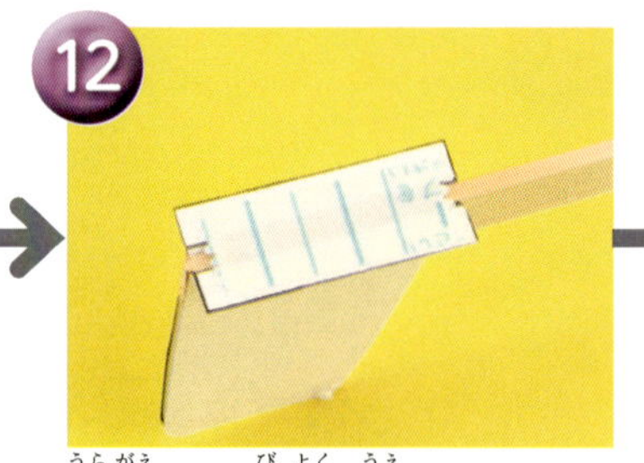

裏返して尾翼・上ののりしろに、両面テープをはる。

13

⑫で両面テープをはった部分に、尾翼・下をはる。ここでも矢印の向きに注意する。

14

はったところ。

15

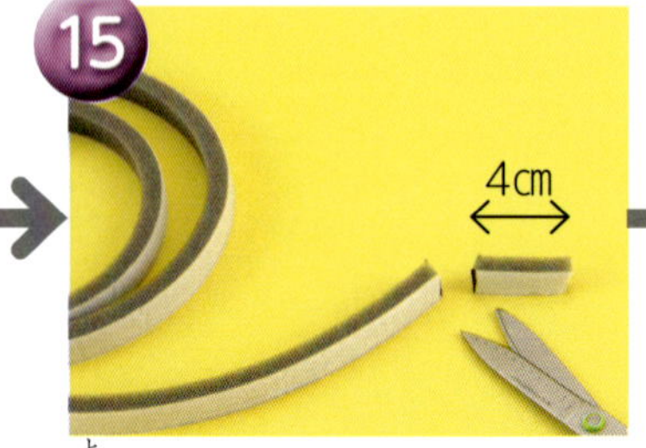

戸あたりテープを、ハサミで4㎝切る。

16

切った戸あたりテープを、飛行機の先端に軽くはりつける。

17

はったところ。こうしておくと、物にぶつかってもこわれにくい。

18

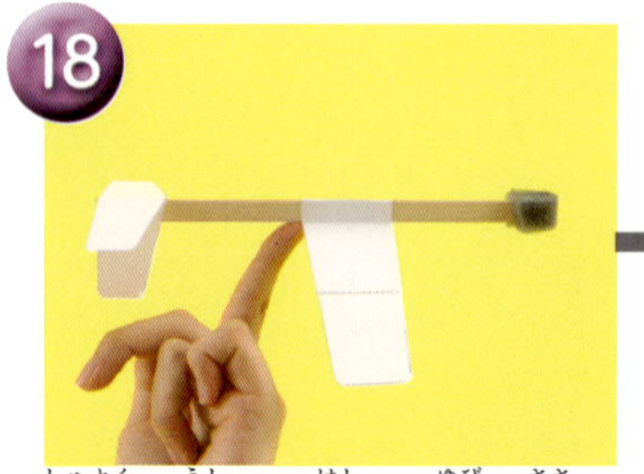

主翼の後ろの端を、指で支える。

19

尾翼が下がったら、先端が軽い証拠。

20

ビニールテープを巻いて、重さを調整する。

21

尾翼が少しだけ下がる場合は、ビニールテープも少しだけはる。

22

飛行機が水平になるまで、調整する。

重心がとれたら、
できあがり!

遊んでみよう

飛行機を、地面と
水平になるように
…、

正面にまっすぐ飛ばすと、よく飛ぶよ。

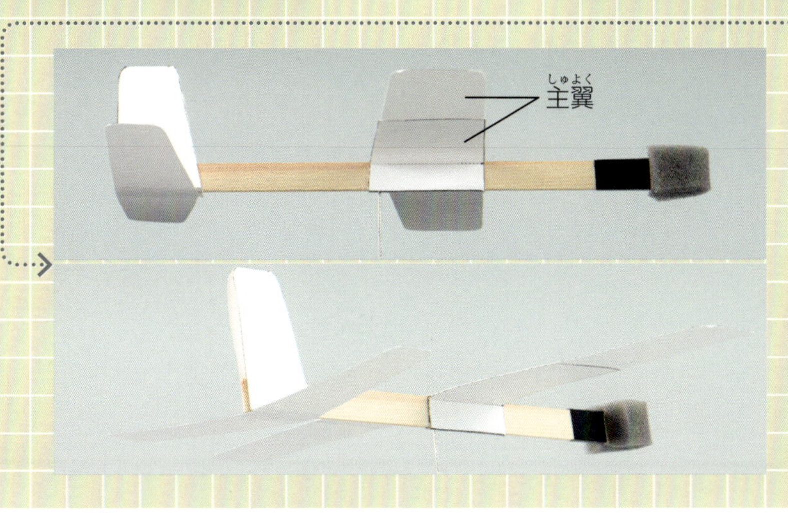

もしうまく飛ばなかったら、主翼を少し上のほうにそらせて曲げてみよう!
でも曲げすぎないように注意してね。

サイエンス

よく飛ぶ紙飛行機の作り方は?

遠くまで飛ばすコツの一つに「重心」を調整することがあります。重心とは、「物の重さの中心」のこと。ここでは㉒のように飛行機を指1本で支えてみて、水平になった場所が重心です。飛行機は翼に受ける「揚力」で浮きます(くわしくは74ページ)。重心が主翼のすぐ後ろにあると、揚力と重力がちょうどよいバランスになるので、遠くまで飛ばすことができるのです。

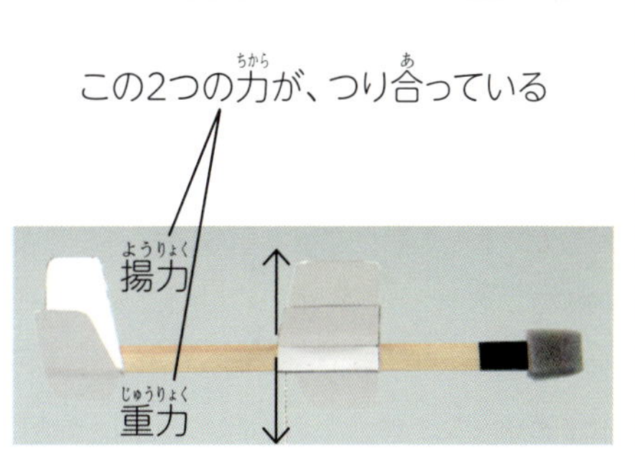

工作時間	難しさ	予算	学べる内容
60分	★★★	150円	回転と揚力

Workshop 16

飛ばして遊ぼう!
プラコプター

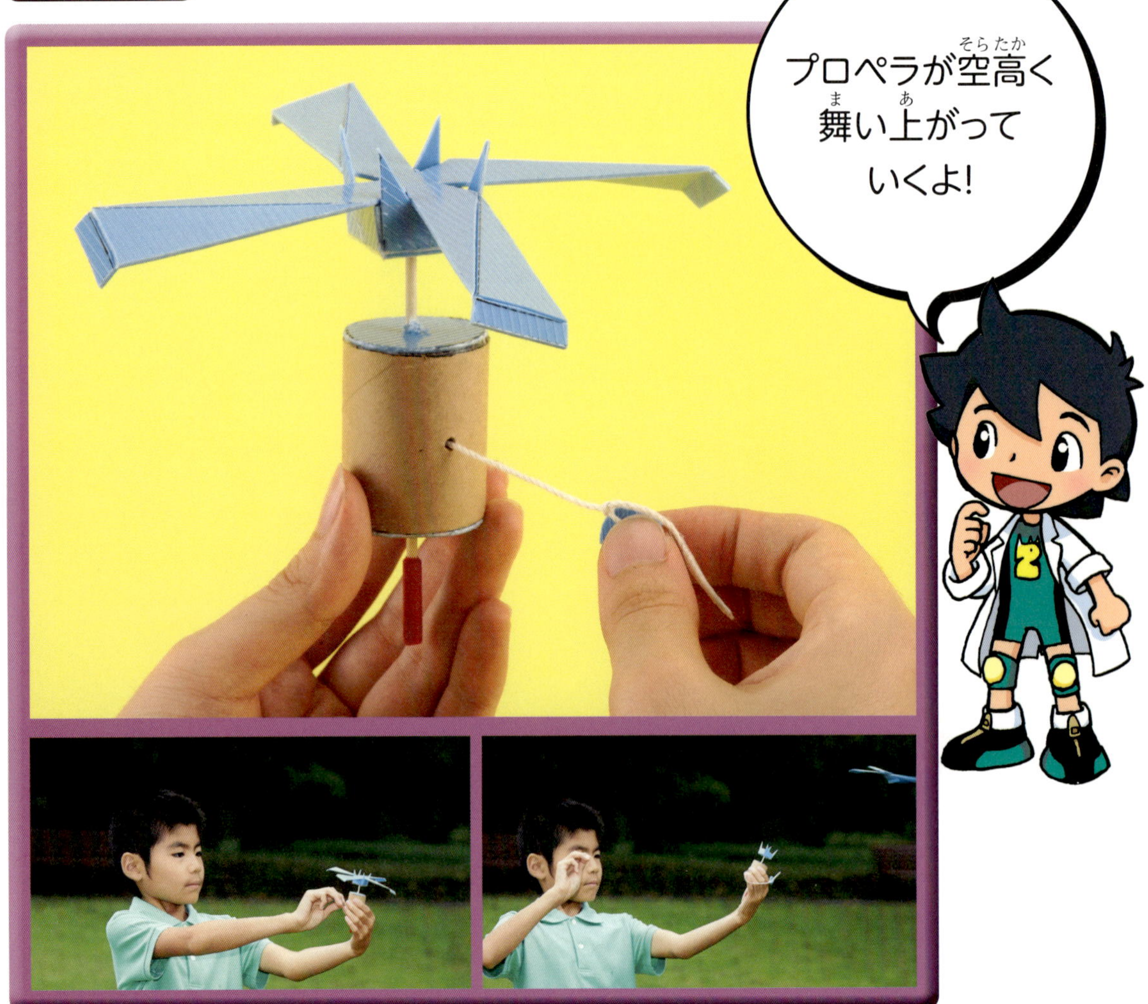

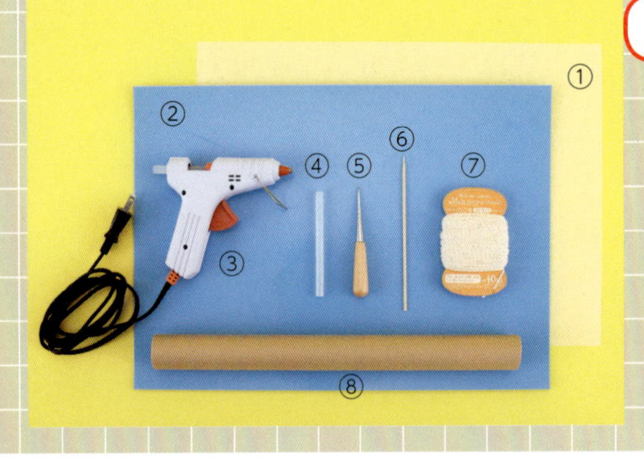

用意するもの

①トレーシングペーパー
②プラスチック板〔A4サイズを1枚〕
③グルーガン
④グルーガンの芯
⑤キリ
⑥竹串〔1本〕
⑦たこ糸〔1m〕
⑧紙の筒〔直径3.3cm、長さ4cm以上〕

作ってみよう

1

79ページの型紙をトレーシングペーパーに写して、プラスチック板にはる。

2

外側の線に沿ってハサミで切る。

3

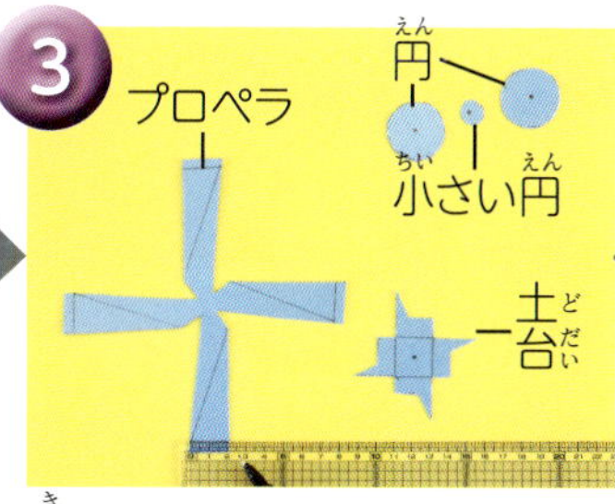

切ったところ。

4

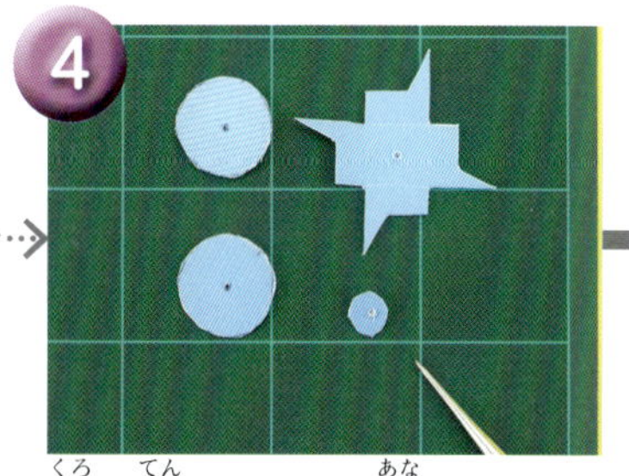

黒い点に、キリで穴をあける。

5

プロペラと土台の点線に沿って、カッターの背で、浅く切れ目を入れる。

6

プロペラの線を、切れ目を開くように折る。

7

折ったところ。

8

土台の線を、切れ目を開くように折る。

9

端を合わせて、合わせ目をセロハンテープではる。

10

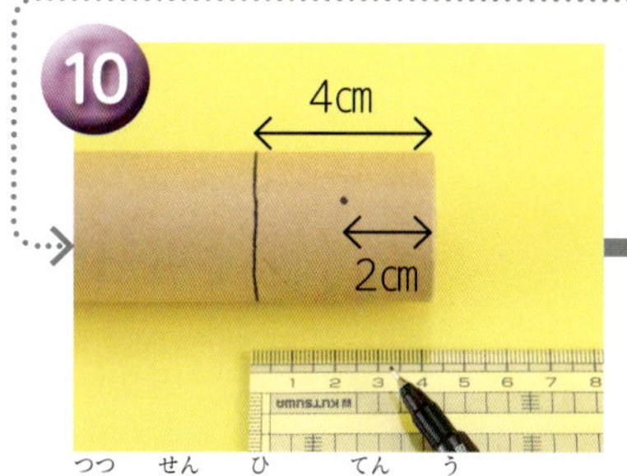

筒に線を引き、点を打つ。

11

線に沿ってカッターで切りとる。

12

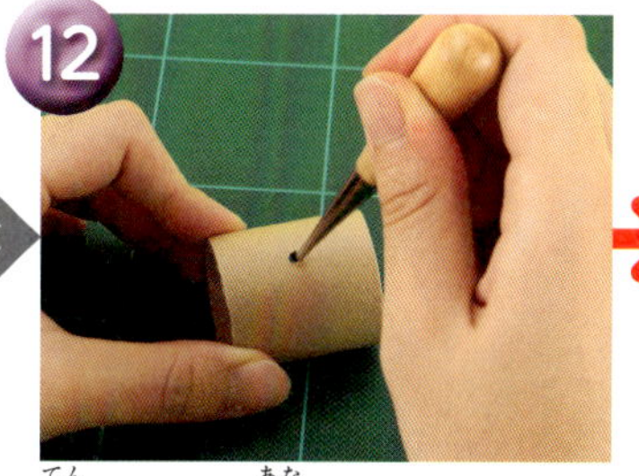

点にキリで穴をあける。

次のページへつづく

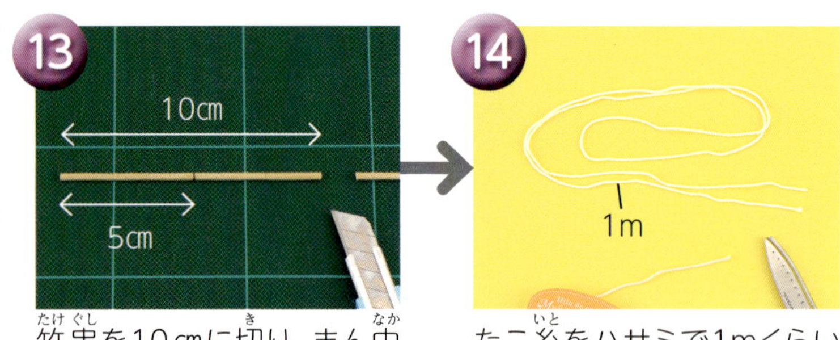

竹串を10㎝に切り、まん中に印をつける。

たこ糸をハサミで1mくらいの長さに切る。

竹串のまん中の印に合わせて、たこ糸の端をビニールテープではる。

ビニールテープを1周させたら、たこ糸を反対側に持ってきて、もう一度はる。

たこ糸の反対の端を、筒の穴に中から通す。

竹串を筒の中に入れて、たこ糸を引き出す。

③で切りとった、同じ大きさの2つの円を、竹串の両端に通す。

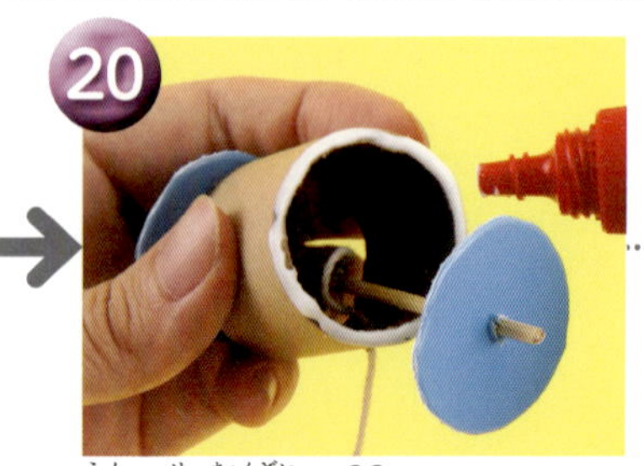

円を接着剤で筒にはる。

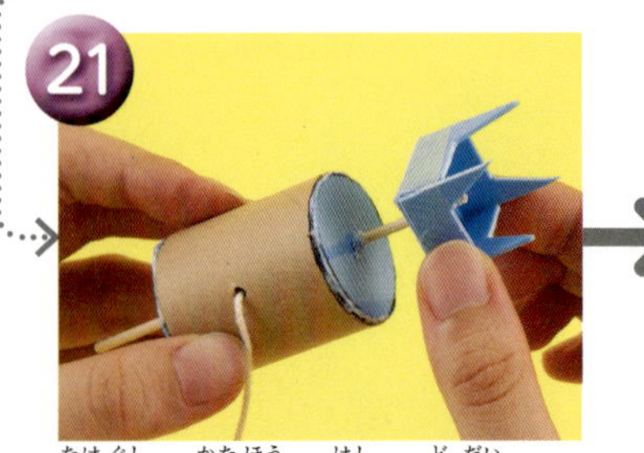

竹串の片方の端に土台をさす。

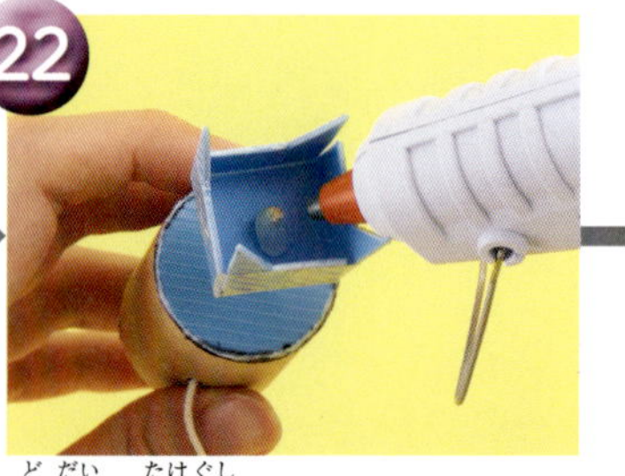

土台と竹串を、グルーガンでとめる。大人の人に手伝ってもらおう。

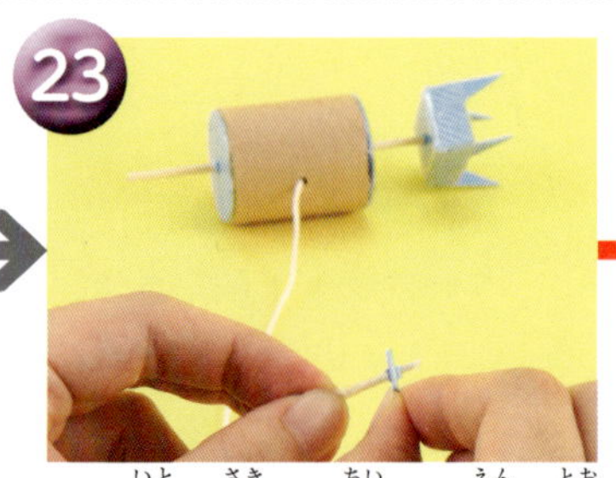

たこ糸の先に、小さい円を通して結ぶ。

24

できあがり

プロペラは切れ目を入れた側が上になるようにね

プロペラを土台に水平にのせたらできあがり!

遊んでみよう

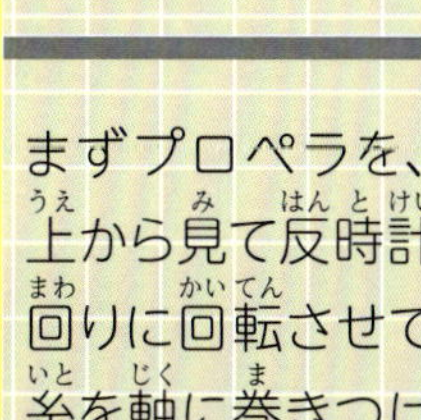

まずプロペラを、上から見て反時計回りに回転させて、糸を軸に巻きつけます。

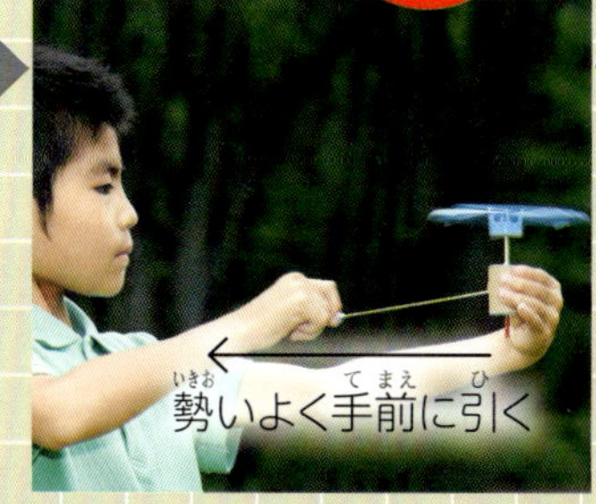

片手で筒を持ち、反対側の手で糸の先を持って、勢いよく引くと、プロペラが飛ぶよ!

うまく飛ばないときは、下の方法を試してみよう

- ●プロペラをもう少し折ってみる。プロペラは曲がっているほうがよく飛ぶ。
- ●プロペラの角度が、4枚とも同じになるようにする。
- ●土台が水平になっているか、竹串に対して垂直になっているか確認する。
- ●土台の上の突起が同じ長さになっているか確認する。違っていたら長いものを切る。

※遊ぶときは、まわりに人がいないところでしましょう。

サイエンス

どうしてプロペラは飛ぶの?

プラコプターは、糸を引っぱってプロペラを回転させます。すると斜めに折ってあるプロペラに空気があたり、「揚力」が生まれます。揚力とは、物を浮き上がらせる力です。竹とんぼや飛行機、ヘリコプターなど、たくさんの乗り物が、この揚力を使って、空を飛んでいるのです。

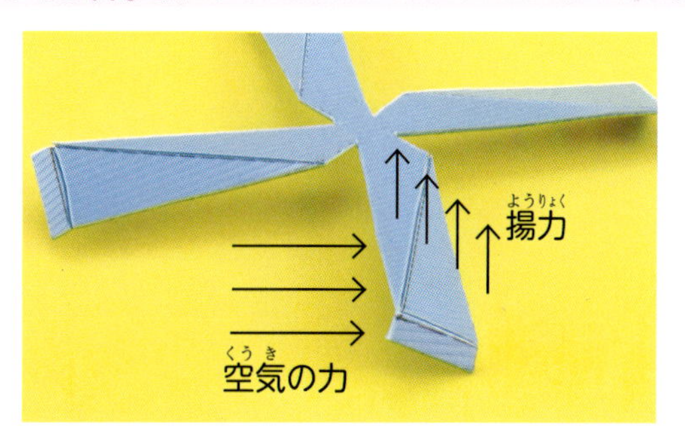

工作時間	難しさ	予算	学べる内容
30分	★★★	200円	翼と揚力

Workshop 17

すべるように飛ぶ!

空力翼艇

用意するもの

①トレーシングペーパー
②スタイロフォーム™*発泡ポリスチレン製の保温板〔厚さ1㎝のも
③マット紙またはケント紙〔A4サイズを1枚〕
④クリップ〔1つ〕
⑤輪ゴム〔1つ〕
⑥両面テープ〔強力タイプ〕

*スタイロフォーム™はザ・ダウ・ケミカル・カンパニーまたはその関連会社の商標。

作ってみよう

1

78ページの型紙をトレーシングペーパーに写してケント紙にはり、ハサミで切る。

2

切ったところ。翼型の下側の直線が曲がらないよう注意。

3

スタイロフォーム™の上に翼型の型紙をおき、型に合わせて2枚切る。2枚の形がぴったり合っているか確認する。

4

③の縁のカーブに沿って、両面テープをはる。

5

④を本体の端の部分にはる。もう1枚も同様にはる。

6

はったところ。

7

尾翼のまん中を山折りに、両端を谷折りにする。

8

谷折りにした部分2カ所に、両面テープをはる。

9

はくり紙をはがし、尾翼を、本体の線に合わせてはる。

10

はったところ。

11

クリップを写真のように開く。

12

クリップの小さいほうの側を、本体の裏の尾翼がついてない側にセロハンテープではる。

次のページへつづく

できあがり

クリップをはったら、空力翼艇のできあがり!

遊んでみよう

輪ゴムを平らな面にしっかりとはりつけて、反対側を空力翼艇のクリップに引っかけます。

そのまま空力翼艇を後ろに引っぱって、手を離すと…、

ひゅんっ!!

地面から少し浮き上がって、すべるように飛んでいくよ。デコボコした場所では、うまく進まないから気をつけてね。

サイエンス

どうして浮き上がるの?

空力翼艇は上と下で形が違い、上は曲がっていて、下が水平です。空気が翼の近くを通り過ぎるとき、上を通る空気は下を通る空気よりも距離が長い分、速く進みます。このとき翼は、空気の流れの速い上のほうに引き寄せられて浮かびます。この「翼を上に引っぱる力」を「揚力」といいます。飛行機や鳥も、同じように翼が生み出す揚力を使って空を飛んでいるのです。

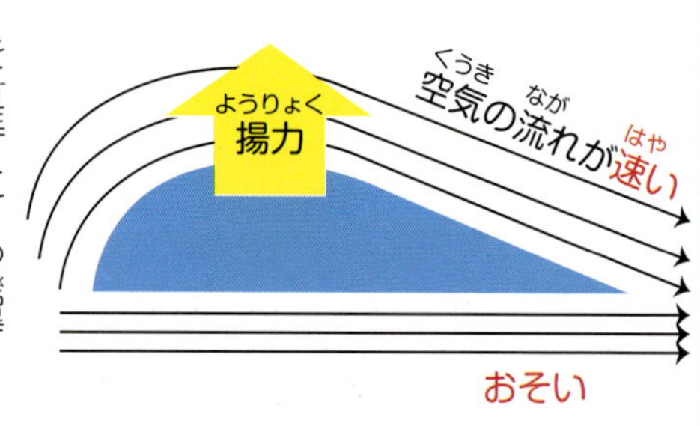

材料の購入先

下記の材料は、一般的な文具店やスーパー、100円ショップなどで購入できます。

アイロンビーズ	カッター	ボール紙	スチロールの器	単4電池	ビニールテープ
アロマオイル	カッターマット	ケント紙	ストロー	段ボール	プラスチックカップ
鉛筆	紙やすり	工作用紙	スプーン	千代紙	プラスチック板
大さじ	キリ	ゴルフのティー	スポイト	つまようじ	ペン
OPPテープ	クエン酸	重曹	接着剤	手ぬい糸	虫ゴム
かたくり粉	クリップ	瞬間接着剤	セロハンテープ	トレーシングペーパー	モノラルイヤホン
紙コップ	グルーガン	定規	竹串	ネオジム磁石	両面テープ
紙皿	グルーガンの芯	食紅	たこ糸	ハサミ	輪ゴム

上記以外の材料の購入先です。参考にしてください。

材料名	購入店（実際に購入したお店です※印はインターネット）	検索キーワード（インターネットで買う場合はこの言葉で検索してみましょう）	使用する工作
エタノール	ドラッグストア	無水エタノール	8.入浴剤(p.40)、9.エタノールボート(p.44)
エナメル線	千石電商	エナメル線　0.4mm	7.コップホン(p.36)
塩化ビニール板（両面ミラー）	東急ハンズ	塩化ビニール板　ミラー　1mm厚	3.3D万華鏡ラビリンス(p.18)、5.偏光板万華鏡(p.26)
カッティングシート	東急ハンズ	カッティングシート　透明色	3.3D万華鏡ラビリンス(p.18)
紙の筒	東急ハンズ	紙筒　3cm	5.偏光板万華鏡(p.26)、16.プラコプター(p.68)
木の棒	東急ハンズ	木材丸棒	6.エコーマイク(p.32)、7.コップホン(p.36)
工作用モーター	千石電商	工作用モーター	11.ホバークラフト(p.48)
スタイロフォーム™	東急ハンズ	スタイロフォーム　10mm	17.空力翼艇(p.72)
鉄球	東急ハンズ	鋼球　17/32　(直径約13.49mm相当)	14.ガウスロケット(p.62)
電池ボックス	秋月電子通商	電池ボックス　単4　1本用	11.ホバークラフト(p.48)
戸あたりテープ	ホームセンター	戸あたりテープ　10mm	15.サイテク式紙飛行機(p.64)
凸レンズ	※インターネット	凸レンズ　φ31.5mm f=70mm	4.カメラ・オブスキュラ(p.22)
パイプ	東急ハンズ	ABS樹脂パイプ　外径18mm　2mm厚	14.ガウスロケット(p.62)
針金	東急ハンズ	ステンレス針金　0.55mm	6.エコーマイク(p.32)
バルサ材	東急ハンズ	バルサ材　あるいは、バルサ板　2mm	9.エタノールボート(p.44)
ひのきの棒	東急ハンズ	ひのき 棒　10mm 2mm	15.サイテク式紙飛行機(p.64)
プーリー	※インターネット	プーリー　直径30mm	13.ウインドカー(p.56)
プラスチックカッター	※インターネット	プラスチックカッター	3.3D万華鏡ラビリンス(p.18)
プラスチック段ボール	東急ハンズ	プラスチック段ボール 4mm	13.ウインドカー(p.56)
プロペラ	千石電商	工作用　プロペラ半径40mm程度	11.ホバークラフト(p.48)
分光シート	東急ハンズ	分光シート	1.分光器(p.10)
偏光板	東急ハンズ	偏光板	2.ブラックウォールボックス(p.14)、5.偏光板万華鏡(p.26)
ポリカーボネイト板（片面ミラー）	東急ハンズ	ポリカーボネイト板　片面ミラー　1mm厚	3.3D万華鏡ラビリンス(p.18)

●東急ハンズ　http://www.tokyu-hands.co.jp/

北海道から沖縄まで全国に店舗を持ちます。店舗情報は上記ウエブサイトよりご確認ください。オンラインショッピングも可能。

※実店舗とオンラインショップで取り扱い商品は異なり、また、店舗によっても取り扱い商品が異なるので注意が必要。お求めの際は最寄りの店舗へご連絡ください。

●千石電商　http://www.sengoku.co.jp/

●秋月電子通商　http://akizukidenshi.com/　電池ボックスの商品コードはP-03046

※すべての商品情報は、2015年12月現在のものです。品切れとなる場合がありますのでご了承ください。

実物大型紙

p.10 **分光器**
p.18 **3D万華鏡ラビリンス**（片面ミラー／両面ミラー）
p.48 **ホバークラフト**（ふた／スカート）

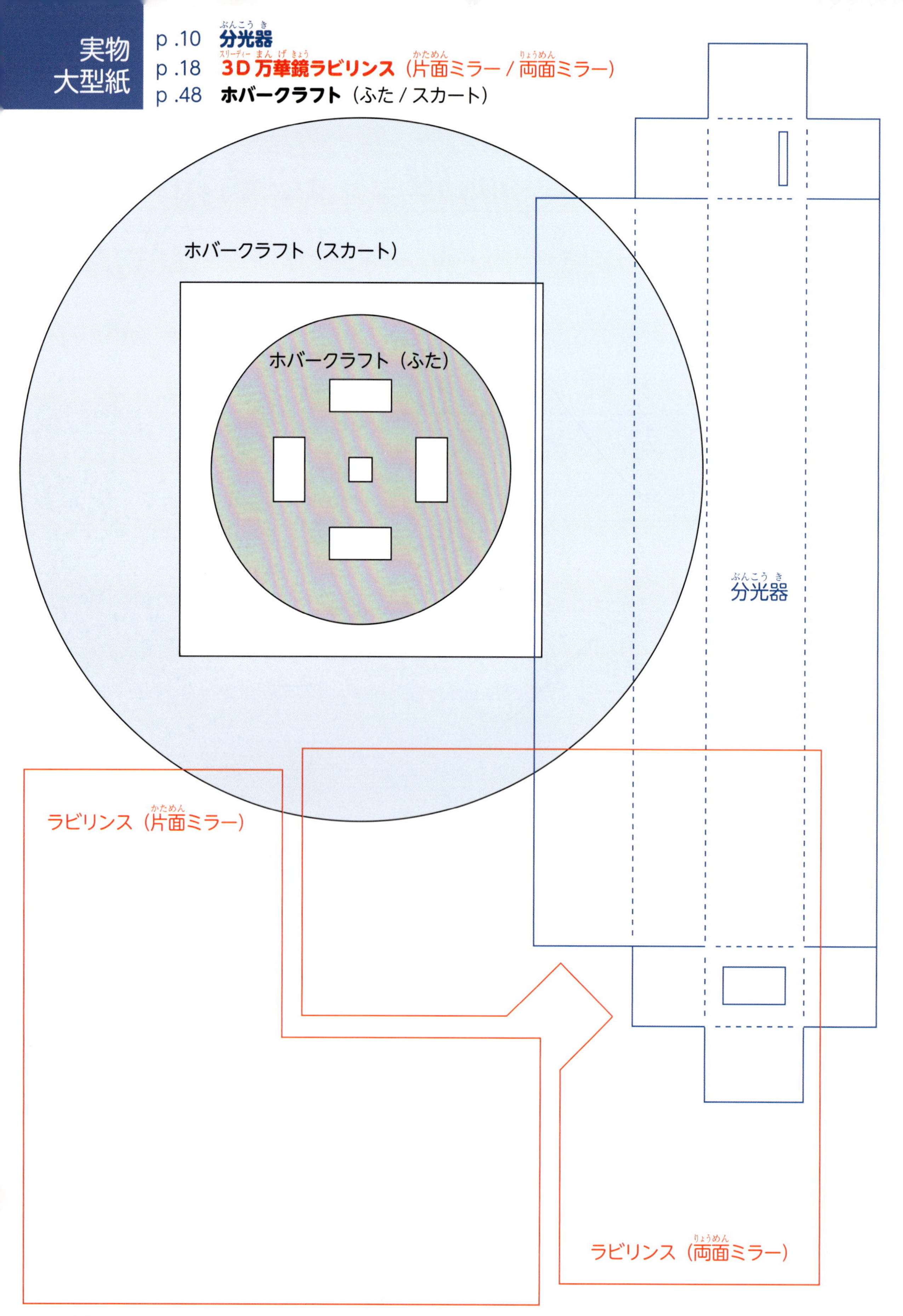

p .22 **カメラ・オブスキュラ**（外箱/内箱）

カメラ・オブスキュラ
（内箱）

カメラ・オブスキュラ
（外箱）

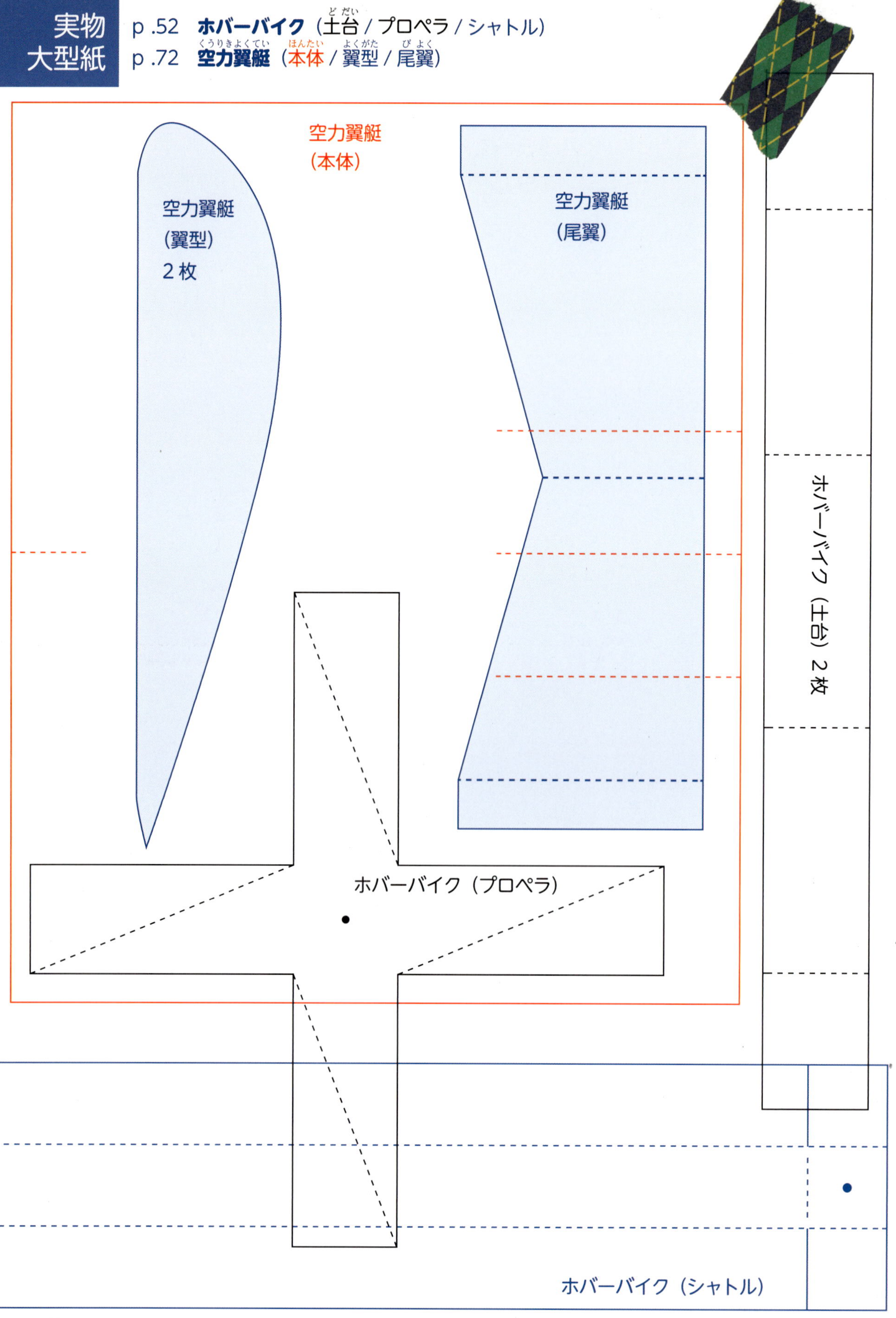
空力翼艇
（本体）
空力翼艇
（翼型）
2枚
空力翼艇
（尾翼）
ホバーバイク（土台）2枚
ホバーバイク（プロペラ）
ホバーバイク（シャトル）

実物大型紙

p.64 **サイテク式紙飛行機**
(主翼・上/主翼・下/尾翼・上/尾翼・下)

p.68 **プラコプター** (プロペラ/土台/円)

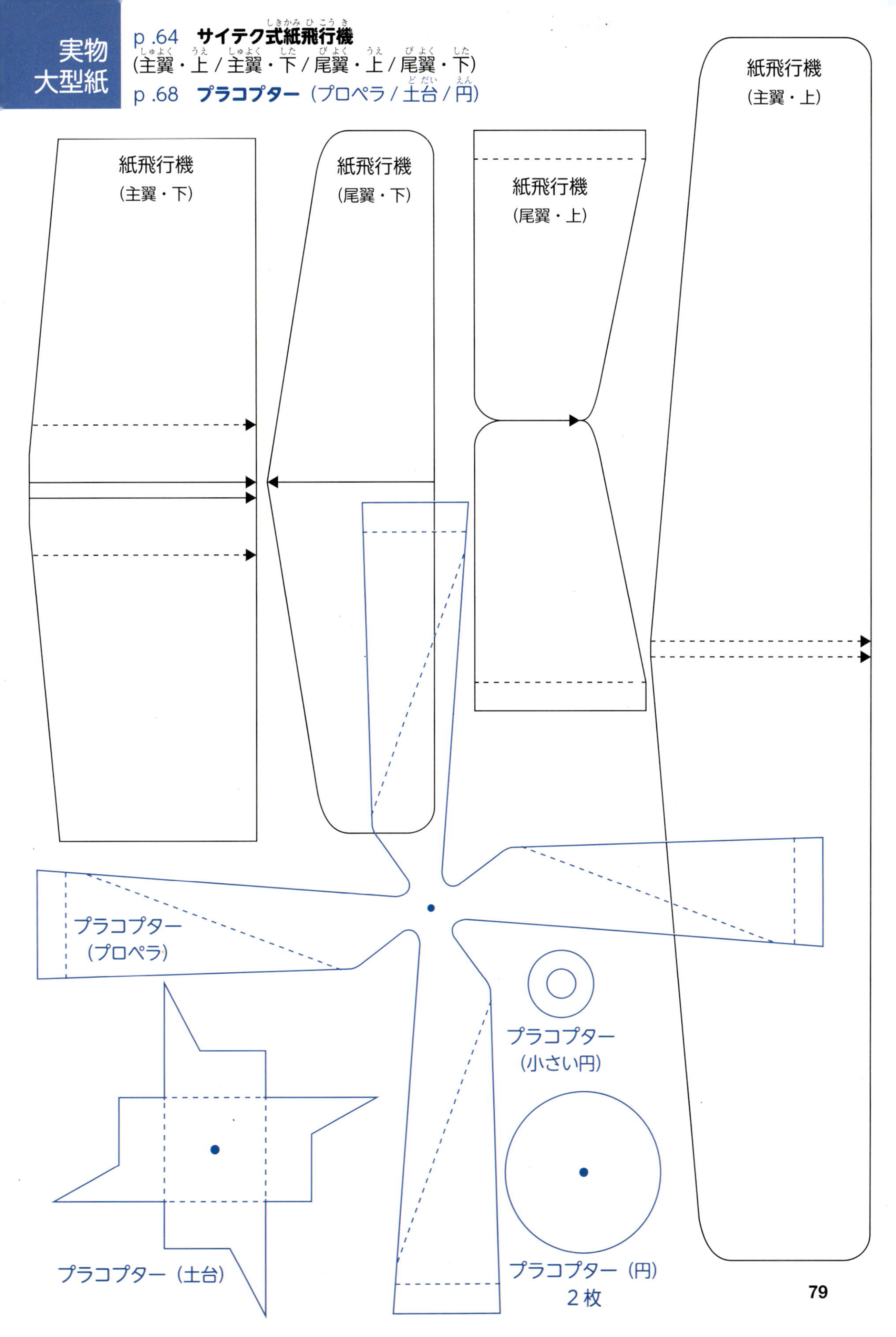

おわりに

私たちサイテクは、子どもたちのために工作教室のイベントを開いている大学生の団体です。その活動をまとめたこの本が、子どもたちが科学を好きになるきっかけになることを願っています。ふだん生活している中では意識することが少ないのですが、世の中には科学の力を使ったものがあふれています。テレビや携帯電話のような電子機器だけでなく、「どうして音は伝わるのか」「どうして飛行機は浮き上がるのか」ということにも科学は詰まっています。 あたりまえに存在していることには、なかなか興味を持ちにくいですが、多くの子どもたちがこの本に載っている工作を通じて自分なりのくふうや発見をし、科学に興味を持っていただけたなら幸いです。

東工大 ScienceTechno 2014 年度 12 期代表 岩﨑謙汰

【監修】

大竹 尚登

機械工学者。東京工業大学大学院理工学研究科教授。1986 年東京工業大学工学部機械工学科卒。専門は加工物理化学、機械材料、カーボンテクノロジー、トライボロジー、薄膜工学。

【著者】

東工大 ScienceTechno

愛称サイテク。東京工業大学の公認サークル。科学の楽しさを多くの人と分かち合うことを目的に、小学校や公民館などで科学実験・工作教室の企画・運営を行う。特に子どもが科学の不思議に触れる機会を設けることで、科学を好きになるきっかけとなることをめざす。東工大の学祭では 3 年連続最優秀企画賞を、また、サイエンスアゴラ 2015「フジテレビ賞」受賞。

ウェブサイト　http://www.t-scitech.net/

STAFF

［工作指導　撮影協力］

安藤 航　岩﨑謙汰　塩原美守　中川陽太

安達陽子　江尻智一　片岡裕介　叶野貴大　小栗綾華

速水 嵐　後藤愛生（すべて東工大 ScienceTechno）

［撮影］**林 隆久**（DNP メディア・アート）

［装丁・本文レイアウト］**オオノデザイン**

［サイテくんほかキャラクターデザイン］**うえだ未知**

［型紙トレース］**下野彰子**

［子どもモデル］**葛和建世　葛和佳乃**

［企画協力］**澤泉美智子**

［編集アシスタント］**窪田希枝**

［編集・DTP 協力］**東原寛明　野上勇人**（合同会社 CRAZY）

http://www.crazy2.jp

［編集担当］**森信千夏（主婦の友社）**

東工大サイエンステクノの理系脳を育てる工作教室

著　者　東工大 Science Techno

発行者　荻野善之

発行所　株式会社主婦の友社

〒101-8911 東京都千代田区神田駿河台 2-9

電話 03-5280-7537（編集）

03-5280-7551（販売）

印刷所　大日本印刷株式会社

■本書に掲載された工作を複製して紹介、販売されることはかたくお断りします。発見した場合は法的措置をとらせていただく場合があります。

■本書に掲載されたデータは、2016 年 1 月現在のものです。予告なく変更となる場合もありますが、ご了承ください。

■乱丁本、落丁本はおとりかえします。お買い求めの書店か、主婦の友社資材刊行課（電話 03-5280-7590）にご連絡ください。

■内容に関するお問い合わせは、主婦の友社（電話 03-5280-7537）まで。

■主婦の友社が発行する書籍・ムックのご注文は、お近くの書店か、主婦の友社コールセンター（電話 0120-916-892）まで。

＊お問い合わせ受付時間　月～金（祝日を除く）9：30 ～ 17：30

主婦の友社ホームページ　http://www.shufunotomo.co.jp/

ISBN978-4-07-401839-0

た -022001